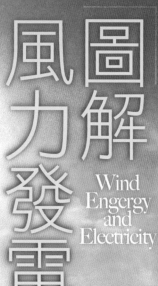

圖解

風力發電

Wind
Engergy
and
Electricity

李俊峰＝主編

時璟麗　施鵬飛　喻捷＝副主編

馬振基＝校訂

五南圖書出版公司 印行

序一

親愛的讀者：

　　歐洲風能協會和綠色和平組織簽署了《風力 12—關於 2020 年風電達到世界電力總量的 12% 藍圖》報告，期望並預測 2020 年全球的風力發電裝機將達到 12.31 億千瓦，年安裝量達到 1.5 億千瓦，風力發電量將占全球發電總量的 12%。「風力 12%」的藍圖展示出風力發電已經成為解決世界能源問題的不可或缺的重要力量。風力發電不再是一種可有可無的補充能源，已經成為最具有商業化發展前景的成熟技術和新興產業，有可能成為未來最重要的替代能源。

　　20 世紀，全球環保運動興起，資源的可持續發展成為重要議題。80 年代以來，氣候變化為全球關注，能源再次成為焦點，進入 21 世紀，石油危機、氣候變化已不再是紙上預言。

　　為了石油，一些國家萬里征戰。氣候變遷催生了一年甚似一年的洪水、乾旱、酷暑、颶風、北極冰山融化，物種滅絕等自然災害，在這些自然災害的背後，是無數夭折的生命、破碎的家庭和受到重創的經濟。

　　新科技的成熟，為我們提供了一個發展和保護環境共生共存的道路，在我們目力能及之處，風能就是這樣的一個理想能源，歐洲的發展已經給了我們很多信心，西班牙和印度的後繼崛起更為發展中國家揚起風帆，隨著規模的擴大，風電的成本正在顯著降低，即使不考慮化石燃料的外部成本，風能也有望在 10 年內具備與傳統能源的競爭力。

自成立始，綠色和平就一直致力於推動一個可持續的，和平發展的社會。目前，氣候變化與可再生能源是我們的 6 個全球項目之一，我們在中國開展這項工作僅兩年不到，但是，在這短短的時間裡，我們已經看到中國完成了第一部可再生能源法的立法，以及第一部國家的可再生能源中長期規劃。

　　因爲氣候變化，因爲能源危機，一場能源革命正在悄悄展開，隨著中國經濟的持續發展，中國的能源需求將持續上升，機遇和挑戰同時選擇了中國。

　　我們希望，和中國一起鼓動風潮！在新的世紀，以我們的勃勃雄心結束一個依賴化石能源的時代，開啓新的工業文明！

<!-- signature -->

綠色和平可再生能源政策顧問（Steve Sawyer）

序二

風能給世界帶來安全

25 年前，世界上安裝了第一台風力發電樣機，此後，風能開發開始了漫長的歷程。二十多年來，風機技術不斷進步，發展速度加快，風場規模擴大。與二十年前相比，單座風機的出力達到原來的二百倍，一個現代化風電場的發電量已經與一個常規電廠的發電量相當。

現今，全球都面臨著能源挑戰，氣候變化、日益增長的能源需求，能源安全問題已得到廣泛關注。風電能夠幫助我們應對這些問題，它是成熟社會的最具效率的能源技術之一。與傳統電廠相比，風電場還具有建設周期短的優勢。

風能安全、潔淨、資源豐富，取之不竭。不同於化石能源，風能是一種永久性的大最存在的本地資源，可以為我們提供長期穩定的能源供應。它沒有燃料風險，更沒有燃料價格風險，利用風能也不會產生碳排放。

《風力 12%》為全球的風電行業描繪了一個藍圖。它告訴我們一個在 2020 年全球電力供應的 12% 來自於風電的藍圖，沒有任何技術、經濟和資源方面的障礙可以阻止我們實現這一藍圖，並且，這一設想是建立在 2020 年全球電力需求增加三分之二的基礎上。

《風力 12%》分析了中國風電開發對全球風電發展的重要性，在最初的報告中，曾設想到 2020 年中國潛在風電裝機量達到 1.7 億千瓦。

歐洲風能協會一直與中國合作夥伴中國資源綜合利用協會可再生能源專業委員會一起共同推動中國的風電開發。

根據國際能源機構預測，依一般狀況，從 2002 年到 2030 年，全球電力需求將翻一番，同期能源供應領域的投資將增加 80%。在此設想下，全球將新增電力裝機 48 億千瓦，其中 OECD 國家將新增裝機 20 億千瓦，達 48 億千瓦裝機以及更新輸配電網和相關基礎設備的投資將達到 10 萬億歐元，到 2030 年，估計全球 45% 的碳排放將來自於發電，而《風力 12%》向我們展示了另外一種發展願景，指出到 2030 年，全球風電裝機可以達到 27 億千瓦。今日的中國已經開始在全球風電開發的領跑團隊中扮演重要角色。

歐洲風能協會主席
全球風能理事會會長　Dr. Arthouros Zervos

出版序

本書是對全世界風力發電技術、產業，市場現狀描述和前景的展望。主要內容包括：
⊙風力發電的驅動力。
⊙世界的經驗。
⊙技術發展的趨勢。
⊙中國風電開發的潛力與面臨的問題等。

目前，中國能源面臨最突出的矛盾是國內優質能源供應不足，受國內石油資源限制。2010 年中國石油進口量將達到 1.6 億噸，2020 年將增加到 2.2 億～3.6 億噸。2010 年後，石油對外依存應將超過 50%，到 2020 年石油對外依存度將達到 52%～68%。

歐洲和印度風電發展的成功經驗給了世界有益的啓示，並網風力發電是近十年來國際上發展速度最快的可再生能源技術，年均增長率超過 25%，2004 年新增裝機 760 萬千瓦，全球累計風電裝機達到 4791 萬千瓦。歐洲是世界風電發展最快的地區，2004 年全球新增風電裝機的 72.4% 在歐洲，15.9% 在亞洲，6.4% 在北美。2010 年世界風力發電裝機將超過 1.2 億千瓦。國際上風力發電發展的驅動因素主要有能源安全、氣候變化等，各國政府採取了各種激勵政策進行積極引導，主要包括：長期的保護性電價政策、配額政策、建立公共基金、特許招標經營政策以及其他投資、財稅、金融政策等，通過營造市場和擴大市場規模，來鼓勵產業的快速發展，尤其是德國、丹麥、西班牙等歐洲國家和印度已經建立了較為完善的風電產業鏈。

中國在 20 世紀 60 年代就開始研製有實用價值的新型

風力機，70 年代以後，發展較快，在裝機容量、製造水平及發展規模上都居於世界前列。離網式小風機對解決邊遠地區農、牧、漁民基本生活用電發揮了重大作用。全國累計生產各類小風機 20 多萬台，總容量 6 萬多千瓦，小風機的年產量、產值和保有量均列世界之首。中國西部地區已有 20 多萬戶農牧民安裝了小風機，爲接近 100 萬農牧民提供了電力。

到 2004 年底，中國並網風電裝機總容量爲 76.4 萬千瓦，其中 2004 年新投入運行的風機容量爲 18.7 萬千瓦，年增長率達到 34%，裝機容量居世界第 10 位。中國已經基本掌握單機容量 750 千瓦及以下之大型風力發電設備的製造技術，正在開發兆瓦級的大型風電設備，2005 年樣機已經開始試運行，中國已經建成了 43 個風電場，安裝 1291 台風力發電機組，掌握了風電場運行管理的技術和經驗，培養和鍛煉了一批風電設計和施工的技術人才，爲風電的大規模開發和利用奠定了良好的基礎。

依據中投顧問最新發佈的《2009-2012 年中國風力發電行業投資分析及前景預測報告》顯示，2008 年中國共建風電場 81 個，新增風電裝機容量達 6300MW，位列全球第二。截至 2008 年 12 月 31 日，中國累計建成 239 個風電場，總裝機達到 1217 萬千瓦，另有 1230 萬千瓦項目批復在建。

由於中國風電產業目前的迅猛發展勢頭，國際風能理事會已經預計，中國不僅將在 2009 年成爲全球新增裝機容量最大的國家，而且有望在 2013 年超越美國，成爲全球裝機容量最大的國家。

風力發電技術的發展趨勢是：①單機容量不斷增大，利用效率提高，世界上主流機型已經從 2000 年的 500～1000 千瓦增加到 2004 年的 2～3 兆瓦，2004 年底 5 兆瓦的

風機進入試運行階段，並已經開始 10 兆瓦風機的設計和研製；②機組槳葉增長，具有更大的捕捉風能的能力；在風機尤其是葉片設計和製造過程中，廣泛採用了新技術和材料，既減輕重量、降低費用，又提高了效率；③塔架高度提高，在 50 米高度捕捉的風能要比 30 米高度多 20%；④變槳距調節方式迅速取代失速功率調節方式，變速恆頻並網機組能隨風速大小隨意旋轉，已經發展成為當今主流產品，無齒輪箱系統的市場份額在迅速擴大；⑤海上風力發電技術取得進展，丹麥、德國、西班牙、瑞典等國都在建設大規模的海上風電場項目。同等容量裝機，海上比陸上成本增加 60%，但電量增加 50% 以上，並且，每向海洋前進 10 千米，風力發電量增加 30% 左右，隨著風電技術水平的不斷提高，經濟性也逐步提高。

　　中國幅員遼闊，海岸線長，風能資源豐富，對於風能的技術可開發量，長期以來，一直採用的是中國氣象科學研究院的估算數據，即中國全國陸地上可開發利用的風能約 2.53 億千瓦（依據地面以上 10 米高度風力資料計算），海上可開發利用的風能約 7.5 億千瓦，共計約 10 億千瓦。但是可供經濟開發的風能儲量有多少仍需進一步查明。2003 年，國家發展和改革委員會開始組織開展全國的風能資源調查，預計花 3～5 年的時間得到全國風能資源的更為科學的數據，2005 年末中國氣象局將完成全國風能資源評估的初步成果。此外，根據國際研究機構的初步測算，不包括新疆、西藏等西部地區，中國風能密度在 300 瓦／平方米以上的陸地面積超過 65 萬平方公里，可以安裝風力發電機 37 億千瓦，風能密度 400 瓦／平方米以上的陸地面積超過 28 萬平方公里，可以安裝 14 億千瓦的風力發電裝備。如果考慮海上，中國風力發電的技術潛力可能超過 20 億千瓦。

風力發電是可再生能源技術中成本降低最快的發電技術之一，在未來 15 年內，隨著市場發展和技術進步，可以達到與煤電相競爭的水準，隨著市場發展和技術進步，風電價格顯著下降，在過去 5 年裡，其成本下降約 20%。風電成本隨平均風速的增加而降低。在一個資源好的場址，風電成本已經能與新建火電廠相競爭。根據國外測算，平均風速爲 7 米／秒的場址，如果投資爲每千瓦 700 歐元，則風電可以與天然氣發電競爭。從世界風電產業發展歷程來看，風電在產業化和國產化達到一定規模後，其價格就可以表現出相當的優勢。如在歐洲一些地區，每千瓦時風電的綜合成本已降到 4～6.3 美分，而煤電是 7.3～24.3 美分，天然氣電是 5.2～9.4 美分，核電是 11.4～15.3 美分。中國也有相關數據顯示，目前在風能資源豐富的內蒙古、新疆等地，風電設備的有效利用小時可達到 2400 小時左右，每千瓦時風電成本已降至 0.4～0.5 元左右，低於沿海地區的火電成本。2020 年，中國的風力發電基本上可以和乾淨的煤電相競爭。

　　未來中國電網建設將爲風電大規模發展提供可靠的保障，歐洲的實踐已經證明，風電並網引起的一系列對電網技術的要求，對電網現有網架結構的要求以及給電網管理帶來的問題遠遠比人們懷疑和推測的要少。一般的理論推斷，風力發電的比例在整個電網中不能超過 10%，實際上，隨著電網系統的增強和風力發電預測技術的發展，風力發電在整個電網中的比例還沒有明確的技術極限，即風力發電發展不會對電網運行安全產生在技術上難以逾越的障礙。隨著電力工業的發展，在經歷了電網從省級電網發展到大區電網的積累後，中國跨大區電網互聯工程大步推進。而且已經進一步明確了建立全國統一電網的目標，中國充分考慮了未來包括風力發電在內的可再生能源發電大

規模開發和遠距離的輸送問題，同時通過農網和城網的改造工程，中國低壓電網接受可再生能源電力的能力也在增強，分散性風力發電上網的困難正在逐步解決。因此，未來中國電網建設將為風電大規模發展提供可靠的保障。

風力發電能夠成為中國電源結構的重要組成部分，發展風電有利於調整能源結構。目前中國的電源結構中 75% 是煤電，排放污染嚴重，增加風電等乾淨電源比重刻不容緩。尤其在減少二氧化碳等溫室氣體排放，緩解全球氣候暖化方面，風電是有效措施之一。從長遠看，中國常規能源資源人均擁有量相對較少，為保持經濟和社會的可持續發展，必須採取措施解決能源供應，中國風能資源豐富，如果能夠充分開發，按目前估計的技術可開發儲量計算，風電年發電量可達幾萬億千瓦時。據官方和專家的推算，中國 2020 年需要 10 億千瓦的發電裝機 4 萬億千瓦時的發電量，之後如果按照人均 2 千瓦，達到開發中國家生活水準的基本要求，在 2050 年中國需要大約 30 億千瓦的發電裝機和 12 萬億千瓦時的發電量。龐大的裝機和發電量需求，給風力發電的發展提供了足夠的空間。

中國政府提出的風電規劃目標是，到 2020 年風電裝機達到 2000 萬～3000 萬千瓦，這一數字受到許多專家的質疑，根據目前中國各地方提出的風電發展規劃目標，這一數字有可能突破。專家的觀點是到 2020 年風電裝機可以達到 3000 萬～4000 萬千瓦的水準，2030 年達到 1 億千瓦。2020 年之後風電超過核電成為第三大主力發電電源，在2050 年前後達到或超過 4 億千瓦，超過水電，成為第二大主力發電電源。

實現發展目標，從現在開始需要採取相應的行動，在風力發電問題上，要不要發展已經有了明確的答案，現在擺在面前的問題是如何發展、急需做的幾件事是：

❶政策準備 可再生能源法已經頒佈，正在緊鑼密鼓地制定配套實施細則，計劃是在 2006 年 1 月 1 日，即可再生能源法實施之日前，將一些重要的配套細則頒布出來，使可再生能源法得以有效地實施。

❷查清資源 將根據現有的氣象台站資料和風電場資料，初步估算各省及全國風能資源總儲量，可開發儲量和經濟可開發儲量，並繪製各省及全國風能資源分布圖和風能區劃圖。用於指導風電場宏觀選址，對潛在風電場址按照經濟性指標進行評價，作爲制定風電發展規劃的依據。

❸產業發展 將繼續支持風電技術和裝備的國產化和本地化，到 2010 年，使中國成爲世界上重要的風機製造基地。

❹人員和機構準備 需要建立若干個培訓中心，技術研發、設計與開發中心、檢測和認證中心、零組件製造、系統集成。建立一個完整的產業鏈，需要培養製造商、開發商、科研與開發、運行服務商、普通工人和高級技師等。

目　錄

壹　前言──破解能源困局

圖 1-1

　　2002 年歐洲風能協會和綠色和平發表了風力 12% 的研究報告，全面評述了世界範圍內發展風電的資源條件、技術基礎和政策環境，提出了 2020 年風電在世界全部發電裝機中占了 12% 的宏偉目標，並且指出中國 2020 年風電裝機有可能達到 1.7 億千瓦。包括中國在內的，全球爲風電事業推動的人們爲之振奮。但是人們在振奮之餘，不免有許多的疑問，風電能不能在世界的發電裝機中達到 12%，除了丹麥、德國、西班牙、美國和印度，下一個風電的市場中心在哪裡，中國的風電裝機能不能達到 1.7 億千瓦。爲了回答種種疑問，中國資源綜合利用協會可再生能源專業委員會組織國內部分從事風電的專家，撰寫了這本《圖解風力發電》的小書，試圖按照科學的態度評述 2020 年乃至 2050 年風電的前景。

　　發展可再生能源是當今世界一個共同的趨勢，2005 年 7 月

8+5 世界領袖峰會，把可再生能源作爲應對氣候變化和解決世界
能源問題的重要方法；歐盟各國開始立法提出了 2020 年和 2050
年不同階段的可再生能源發展目標，同時跟進的有澳大利亞、日
本、加拿大等已開發國家，甚至還有印度、巴西、泰國等一批開
發中國家。進入 21 世紀突如其來的能源短缺，催生了中國第一部
關於特殊能源技術發展的國家法律——《中華人民共和國可再生
能源》，提出了中國發展可再生能源的制度架構。風電是可再生
能源技術中最成熟的一種，對於應對那些與傳統能源有關且迫在
眉睫的環境和社會影響，風電是個確實可行、立竿見影的解決方
案。在全世界，風電正迅速並持續地發展著。然而，爲什麼發展
風電？不同的國家有著不同的答案。

1.1 世界性的難題

　　能源是支持世界經濟發展的重要因素和戰略資源。人類社會
發展的歷史與能源的開發和利用水準密切相關。每一次新型能源
的開發都使人類經濟的發展產生質的飛躍。在 21 世紀，世界能源
結構也正孕育著重大的轉變。20 世紀的兩次世界範圍內的石油危
機，使人們意識到尋求和發展可以替代化石燃料的其它能源的重
要性和緊迫性，世界經濟的發展也對能源供應提出了穩定持續增
長的要求。

　　針對今後世界能源的需求和一次能源結構問題，許多機構進
行了預測研究，其中國際能源機構（IEA）2004 年對 2030 年的世
界能源需求的預測結果見表 1.1。

表 1.1　國際能源機構 IEA 對 2030 年的能源需求預測　（單位：百萬噸標油）

時間	1971 年	2000 年	2010 年	2020 年	2030 年
煤炭	1449	2355	2702	3154	3606
石油	2450	3604	4272	5020.5	5769
天然氣	895	2085	2794	3498.5	4203
核電	29	674	753	728	703
水電	104	228	274	320	366
其它可再生能源	73	233	336	477	618
總計	5000	9179	11131	13198	15265

　　政府間氣候變化專業委員會（IPCC）的預測研究採用了情景分析的方式，反映了各國專家、研究機構對未來社會經濟發展和能源資源及技術發展的不同看法，因此它得出的是未來世界能源需求和一次能源發展的基本範圍，見表 1.2：

表 1.2　政府間氣候變化專業委員會（IPCC）的世界能源未來情景分析

（單位：百萬噸標油）

能源種類	2000	2010	2020	2030	2040	2050
煤炭	2228	3003～4235	3836～5504	4666～7186	4738～8227	4872～9457
石油	3854	4214～5280	4223～6922	4050～9201	3625～11273	3273～13903
天然氣	2473	2928～3481	3653～4922	4471～6813	5402～9486	6619～13369
核電	230	268～371	327～726	359～1275	547～1933	911～2930
生物質能	1139	897	900～1470	1280～2080	1890～3070	2870～4600
其他可再生能源	271	300～360	370～550	630～960	760～1960	1140～3990
總計	10193	12100～13400	14100～17000	16500～21400	18900～26400	21300～31200

　　圖 1-1 是 IPCC 研究結果中比較居中的方案，也是目前得到廣泛認可的分析結果。

IPCC 能源情景之一

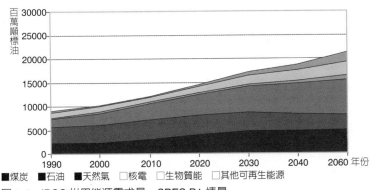

■煤炭　■石油　■天然氣　□核電　□生物質能　□其他可再生能源

圖 1-2　IPCC 世界能源需求量，SRES B1 情景

雖然不同機構的預測數據有差別，但基本結論是共同的：

⊙能源需求和供應將持續上升，2030年世界能源需求將從2000年的91億噸標油，增加到53億～214億噸標油之間，2050年將可能增加到213億～320億噸標油之間。

⊙未來50年，化石燃料仍然占據重要位置，2020年保持在90%左右，2050年仍將占60%～70%。

⊙天然氣的份額明顯擴大，從2000年的22.7%上升到2020年25%～30%，2050年為26%～35%。

⊙石油和煤炭所占比例將逐漸下降，石油從2000年的39%下降到2020年的33%～38%，2050年下降到15%～22%；煤炭利用總量增長有限。

⊙可再生能源在2030年之後開始逐漸進入大規模應用，2050年可以達到20%以上，有相當一部分研究認為，在可再生能源應用技術快速發展情況下，其在能源結構中的比例將增加更多。

⊙發展中國家未來能源需求可能增長迅速，特別是在亞洲地區。發展中國家在全球一次能源中的比例由2000年的30%上升到2030年的40%左右，2050年達到50%～60%。

一些重大技術發展將對未來能源發展模式產生顯著影響。氫能利用技術可能實現零排放能源利用方式，可再生能源的大規模應用為世界提供清潔的能源供應，這些先進的能源技術有可能在未來20～50年影響世界的能源發展。環境因素在世界各國的能源發展中產生了重大的作用。當

圖1-3

前世界各國對於全球氣候變化問題的關注，將對世界能源路線產生長期的重大影響。由於承諾履行京都議定書的義務，歐盟國家加快了節能和開發可再生能源的步伐，天然氣的利用也加快了速度，煤炭的使用受到了進一步的限制。美國則開始啓動新的能源技術發展計畫，提出要開發以碳封存和氫經濟爲代表的下一代能源技術。

1.2　中國的窘境

　　1978 年改革開放以來，在近 30 年的時間內，中國的國內生產總值持續增長，2004 年達到 136835.9 億元，人均國內生產總值爲 10561 元。中國經濟增長的過程也是能源效率提高的過程，按環比法計算，1991～2002 年的 12 年間，能源消費以年均 3.6% 的增長速度支持了國民經濟年均 9.7% 的增長速度。累計節約和少用能源約 7 億噸標準煤，節約和少用能源相當於減少二氧化硫排放 1050 萬噸，減少二氧化碳排放 4 億噸。節能對緩解能源供需矛盾，提高經濟增長質量和效益，減少環境污染，保障國民經濟持續、快速、健康發展發揮了重要作用。據測算，1980～2000 年，中國單位產值能源消耗下降 64%。

　　儘管中國最近幾年在節能方面取得了長足進步，但是中國和國際領先水準的差距仍很顯著。在 1997 年，中國的能源加工、轉換、傳輸和終端利用效率只有 31.2%，比國際領先水準低 10 個百分點。在 11 個產業的 33 種產品中，能源消耗比國際領先水準高 46%。這些數字顯示，中國提高能源利用效率的發展空開還很大。

　　同時，2002 年以來的統計數據顯示，中國開始進入了工業化中期，即重化工業階段。重型機械、汽車、鋼鐵、有色冶金、石油化工等重化行業快速發展，成爲推動經濟增長的主要力量。儘管國家在 2004 年開始控制重化工工業的發展，但是，2005 年前三個季度，重工業增加值占工業的比重比 2002 年又提高了 3.4 個百分點，達到 64.37%。顯示著中國工業化進入重化工業的特徵之

一，是近年來能源消耗的增長速度，顯著的高於經濟增長速度。2004 年中國能源消費總量達到創紀錄的 19.7 億噸標準煤，發電裝機達到 4.4 億千瓦，增長速度都在 10% 以上。

然而，中國人均能源消費僅爲世界平均水準的 45% 左右，國民經濟和社會發展的現代化，必然導致城市人口持續增加、居民消費結構升級，以住宅、現代化交通和製造業爲龍頭的經濟增長等都會對能源增長提出更高的要求。

1.2.1　眾所周知的問題

中國所面臨的能源問題早在 20 世紀 80 年代就被專家們提出來，90 年代，世界觀察研究所的一篇報告將問題推向高峰，誰能爲中國的現代化發展的能源需求買單？中國專家曾心平氣和地分析國家的能源問題，結論是：不是短暫的危機，而是長期的短缺。雖然這個結論在 20 世紀 90 年代一度被人們忽略，然而，2003 年以來的能源供應短缺和石油價格暴漲，顯然又證實了這一結論。

隨著經濟發展快速，人民生活水準提高，中國能源發展面臨的問題日益突出，概括起來有四個方面。

⊙ **資源短缺**　能源資源總量少，優質資源尤其短缺。總體而言，中國人均擁有的能源資源很少，只有世界平均值的 40%，特別是中國石油資源量嚴重不足，最終可採儲量僅占世界石油可採儲量的 3% 左右，剩餘可採儲量僅占世界剩餘可採石油儲量的 1.8%。按每平方公里國土的平均資源量比較，中國石油可採資源量的豐度值約爲世界平均值的 57%，剩餘可採儲量豐度值僅爲世界平均值的 37%。若按人均占有量比較，中國僅爲世界平均水準的 13% 和 8%。因此，中國能源供應將面臨長期後備資源不足，特別是優質能源資源短缺問題。

⊙ **效率低下**　能源利用技術落後，能源利用效率低。目前，中國總能源效率爲 32%，約低於世界平均水準 10 個百分點，單位

GDP 能源消耗是美國的 3.5 倍、歐盟的 5.9 倍、日本的 9.7 倍，世界平均水準的 3 倍。同時，中國正處在經濟高速發展時期，工業化、城鎮化、小康社會建設都需要能源作為支撐，能源消費總量將不斷提高，大力提高效率是降低能源消費總量的重要措施之一。

⊙**環境污染**　中國是世界上少數幾個以煤為主要能源的國家，目前能源消費構成中煤炭占 67%。能源消費過分依賴煤炭造成了嚴重的煤煙型環境污染。目前，中國二氧化硫排放總量的 90% 是燃煤造成的，大氣中 70% 的煙塵也是燃煤造成的。這種大氣環境污染不僅造成土壤酸化、糧食減產和植被破壞，而且引發大量呼吸系統疾病，直接威脅人民身體健康。由於能源結構問題，每噸標準煤的能源消費，中國排放的溫室氣體比世界平均水準高出 50%，在不遠的將來，中國將在排放總量上超過美國，成為世界第一大溫室氣體排放國。

⊙**能源結構不合理**　中國能源以煤為主，這遠遠偏離當前世界能源消費以油氣等優質能源為主的基本趨勢和特徵。而且大量的煤炭是直接燃燒使用，煤炭高效、乾淨利用的程度低，用於發電或熱電聯產的煤炭只有 47.9%，而美國為 91.5%。為了支持經濟的快速發展，中國強大的電力產業正在增長。到 2004 年，總裝機容量達 4.4 億千瓦。其中，火力發電占總裝機容量的 74%，水力發電占 24.5%，而核能發電占大約 1.5%。據估計，2005 年，新增裝機容量將會達到 6500 萬～7000 萬千瓦。年裝機增長幅度達到 15%～18%。

2004 年裝機容量

發電技術種類	百萬千瓦
水力發電	108
火力發電	325
核能	7
總裝容量	440

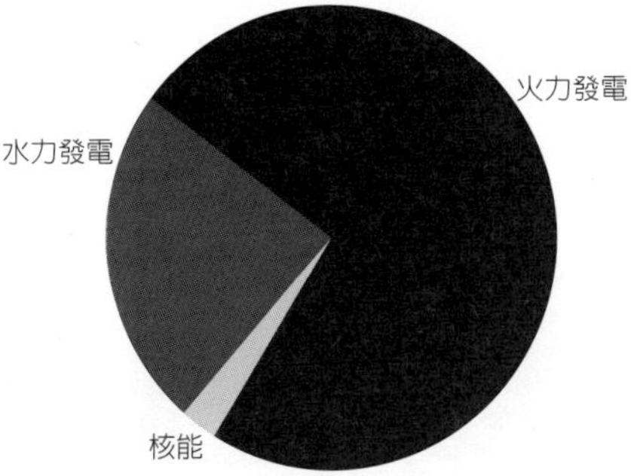

圖 1-4　2004年裝機容量

　　中國石油和天然氣資源相對貧乏，平均生產成本要高於其他石油和天然氣生產大國。目前，國內成品石油產品的成本高於跨國石油公司，說明了國內石油產品在成本上並不具有競爭力。加上國際市場價格的波動，中國依賴國際石油和天然氣保障能源消費乾淨化的代價十分龐大。

　　從較長遠的角度看問題，煤炭仍然是最廉價的能源資源。目前，中國消耗的主要能源有 2/3 是由煤炭燃燒提供的，2020 年之前這個比例很難改變。但是，大量消耗煤炭造成了嚴重的空氣污染。世界上空氣污染最嚴重的 10 個城市中有 7 個在中國，污染程度遠遠超過國際衛生組織的標準。中國死亡人數的四分之一死於肺病，空氣污染有可能造成肺病的發生，並使病情加劇。呼吸系統疾病是城市中第三大死亡原因，每年造成 33 萬人死亡。

　　中國二氧化硫排放量居於世界第二位，其中 90% 左右是燃燒煤炭釋放的。二氧化硫排放已經在中國的部分地區形成酸雨和酸沉降，影響到了三分之一以上的國土面積，經濟損失高達國內生產總值的 3%。有一項研究認為，如果中國產糧地區的煙塵得到治理，中國可能就不需要進口糧食了。研究人員認為，煙塵可能使中國農業減產 5%～30%。

圖 1-5

同時中國也是世界上僅次於美國的二氧化碳排放大國。1990～1996 年，中國 CO_2 排放增加量占世界增加量的 90% 以上。中國政府在 1992 年和 2002 年分別核准了氣候變化框架公約和京都議定書，在氣候變化和溫室氣體排放問題上承受著越來越大的國際壓力。

礦物燃料的另一種影響是耗水量大，這一點在華北地區成了突出的問題。目前，中國一半左右城市都面臨一般性或嚴重性缺水，發電業是耗水主因。山西省地下水位在不斷下降，在缺水時期必須關閉工廠達數週之久，加劇了失業。根據世界銀行的一項估計，中國城市缺水每年會造成大約 1200 億元人民幣的損失。同時，在山西省一座 100 萬千瓦的燃煤發電站每千瓦時電要消耗 4.3升水。因為中國電能大部分來源於煤炭發電，水需求量大，造成了水資源短缺的進一步惡化。同時水資源的短缺，也成為山西等省份進一步發展煤電的瓶頸。

1.2.2　增長迅速的需求

能源是國民經濟發展的重要物質基礎和人類生活必需的物質保證。中國人口眾多，但資源相對缺乏，在全面建設小康社會的進程中，國民經濟持續快速發展，能源需求將不斷增長，中國將面臨嚴峻的能源供應問題。

表 1.3　2000 年度碳排放量最高的幾個國家　　　　　　　　（百萬噸碳）

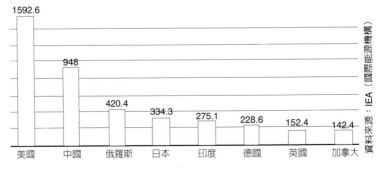

美國	中國	俄羅斯	日本	印度	德國	英國	加拿大
1592.6	948	420.4	334.3	275.1	228.6	152.4	142.4

資料來源：IEA（國際能源機構）

　　按照國家全面建設小康社會的總體目標，到 2020 年國民生產總值比 2000 年翻兩番，以分行業、分品種能源需求預測為基本思路，綜合運用彈性係數、情景分析等多種預測方法，並參考國內外能源機構和專家學者的科研成果，初步預計，2020 年中國能源需求總量約為 30 億噸標準煤，需煤炭 23 億噸、石油 4 億噸左右、天然氣 2000 億立方米左右，發電裝機 10 億千瓦。這是一個在充分考慮了技術進步、經濟結構調整等因素基礎上，採取多種切實可行的政策措施，努力建設高效、節約型社會前提下提出的方案。因此要使能源消費總量不超過這個水準，需要付出很大的努力。2050 年以及以後的能源需求預測只能是一種推算和估計。按照傳統的推算，實現現代化人均能源消耗不可能低於 3 噸標準煤，人均發電裝機容量很難低於 2 千瓦，依照這樣的數字推算，預計到 2050 年，中國能源需求總量可能在 50 億～60 億噸標準煤，發電裝機約 25 億～30 億千瓦之間，均為美國當前消費水準的 3 倍左右。滿足這樣高的能源需求對於中國能源供應將是十分艱巨的任務。

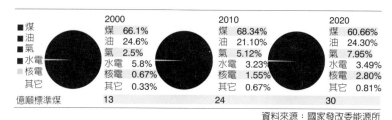

	2000		2010		2020	
■煤	煤	66.1%	煤	68.34%	煤	60.66%
■油	油	24.6%	油	21.10%	油	24.30%
■氣	氣	2.5%	氣	5.12%	氣	7.95%
■水電	水電	5.8%	水電	3.23%	水電	3.49%
■核電	核電	0.67%	核電	1.55%	核電	2.80%
其它	其它	0.33%	其它	0.67%	其它	0.81%
億噸標準煤	13		24		30	

資料來源：國家發改委能源所

圖 1-6　中國一次能源需求和構成

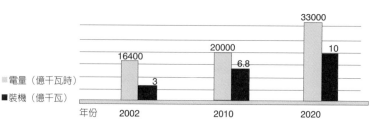

圖 1-7　中國終端電力需求

1.3 風電的角色

其實能源危機不是中國獨有的問題，美國、日本、歐洲和印度都是如此。面對化石燃料日益枯竭的威脅，人們都在討論後續能源的接續問題：美國的氫經濟、日本的陽光計畫、歐盟 2050 年可再生能源 50% 的戰略目標，都是破解能源危局的思路。在各種各樣的選擇中，風電也許是最值得考慮的選擇。歐洲風能協會和綠色和平的《風力 12%：關於 2020 年風電達到世界電力總量 12% 的藍圖》中的觀點，也許過於樂觀，但是它畢竟給人們提出了一種可能。也許僅僅依靠發展風能也不能解決這些問題，但是那些問題不那麼嚴重的國家都在發展風電，我們為什麼不？也許我們更需要風電。

目前，中國能源面臨最突出的矛盾是國內優質能源供應不足。受國內石油資源限制，2010 年中國石油進口量將達到 1.6 億噸，2020 年將增加到 2.2 億～3.6 億噸。2010 年後，石油對外依存度將超過 50%，到 2020 年石油對外依存度將達到 52%～68%。中國天然氣需求增長旺盛，進口天然氣數量也將迅速增長。即使按目前預計的能源進口量，2020 年仍將有至少 2 億噸標準煤的能源缺口，如果要減輕中國對石油和天然氣進口的依賴，2020 年的能源缺口將為 4 億～5 億噸標準煤，可再生能源將作為主要的補充能源之一，而風力發電則是可再生能源技術發展的重點。

據專家預測表明，為實現中國 2020 年國民生產總值翻兩番的目標，能源供應至少要翻一番，預計到 2020 年全國電力裝機將約 10 億千瓦，如果按 2002 年的電源結構和供電煤耗 383 克標煤／千瓦時估算，2020 年中國僅用於發電的煤耗就將近 14 億噸標煤，能源供應需求量將超過 30 億噸標準煤。要滿足如此巨大的需求量，石油一半以上靠進口，煤炭也接近開採極限，因此保障能源供應必須調整能源結構，大規模開發可再生能源資源。風電是最接近商業化的可再生能源技術之一，是可再生能源發展的重

點，也是最有可能大規模發展的能源資源之一。我國發展風電的必要性近期體現在以下幾方面：①滿足能源供應；②促進地區經濟特別是西部地區的發展；③改善中國以煤爲主的能源結構；④促進風機設備製造業的自主開發能力和參與國際市場的競爭能力；⑤減少溫室氣體排放；⑥在解決老少邊地區用電、脫貧致富方面發揮重大作用。

圖 1-8

貳 國際的發展經驗

圖 2-1

2.1 初識風電

人類很早就開始使用發電技術了，發電技術是通過某種動力來帶動發電機發電。傳統的動力來自於水能和熱能。利用水輪機將水能轉化為電能的稱之為水力發電；利用汽輪機將化石燃料產生的蒸汽的熱能轉化為電能的稱之為火力發電。風能也是一種動力，也可以用來發電，我們稱之為風電。

與化石燃料不同，風能是一種乾淨的、可再生的、儲量很大的能源。利用風能來發電，能使環境避免污染，氣候得到保護，使人類的健康和地球上的生命質量免受不良影響。因此，風是一種優質的能源。

然而，人類利用風能並非一帆風順。回首風能技術發展史，是一個坎坷而又神奇的故事。現代風力發電機的變革將與人類的創業精神緊密聯繫在一起。從中國 2000 多年前的帆船到荷蘭風車，是人類利用風能的開端，也是風電技術發展的前奏。

正如水力發電需要水輪機、火力發電需要汽輪機一樣，風電需要風輪機，人們又稱它為風力發電機。由於風力發電機靠風力驅動，它的發展與空氣動力學、航空學的發展密切相關。從 19 世紀開始提出，到 20 世紀的最後 20 年，風機製造業得到了快速發

展。在最近的 20 年裡，風力發電機的功率增大了 100 倍，風電成本也隨之大幅度下降。風電產業從科學的幻想，進了人類的實際生活。目前世界上有 4700 多萬千瓦的風力發電機，為 2000 多萬人的現代化生產和生活供電。並且，這個著名而神奇的故事還沒有結束，隨著技術的進步，風力發電機的容量和型號向更大方向發展。人類還將面臨許多技術上的挑戰，同時也必將產生更多引人入勝的成就。這都需要在研發上投入更多的精力來挖掘風能最大的潛力。

風能的資源是足夠大的。據估算，地球上的風能資源是地球水能資源的 10 倍，每年高達 53 萬億千瓦時，目前已被開發的只是微不足道的一小部分。世界電力需求預計到 2020 年會上升至每年 25.578 萬億千瓦時，可見，在技術上全球風能資源是整個世界預期電力需求的 2 倍，只要利用地球上 50% 的風能就能滿足全球能源的需求。

風能資源 / [(TW · h)/a]

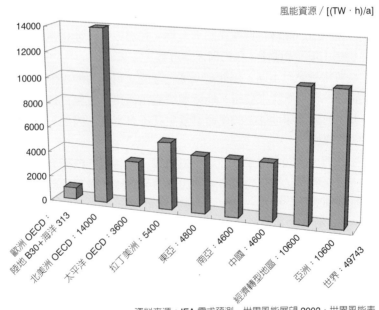

資料來源：IEA 需求預測，世界風能展望 2002，世界風能表

圖 2-2　風力 12% 資源圖

2.2 發展的動因

2.2.1 石油危機的牽動

　　1973 年發生石油危機以後，美國、西歐等已開發國家為尋求替代化石燃料的能源，投入大量經費，動員高科技產業，利用電腦、空氣動力學、結構力學和材料科學等領域的新技術研製現代風力發電機組，開創了風能利用的新時期。20 世紀 70 年代到 80 年代中期，風電技術的研究與開發沿著兩種截然不同的路線進行，美國、英國和德國等國政府投入巨資開發單機容量 1000 千瓦以上的風力發電機組，理由是越大越經濟，承擔課題的都是著名大企業，技術和經濟實力都非常雄厚，如美國波音公司研製了 2500 千瓦和 3200 千瓦的機組，風輪直徑約 100m，塔高 80m，安裝在夏威夷的瓦胡島；英國的宇航公司和德國的 MAN 公司分別研製了 3000 千瓦的機組。由於對野外實際風況的複雜性估計不足，所有這些巨型機組都不能正常運行，沒有一台能夠發展成商業機組。

　　丹麥風電技術的發展走的是另一條路，政府不直接支持製造廠商，而是對購買風力發電機組的用戶給予補貼，開始補貼機組費用的 30%，以後隨著產業的發展逐漸減少補貼的數額，直到 1987 年風電產業壯大了，這項政策才取消。另外，丹麥政府開始對煤電徵收能源稅和二氧化碳排放稅，對風電的收購電價則給予補貼，使風力發電機組的用戶從滿足自家電力需求轉變為向電網銷售電能，獲取一定的利潤，購買風力發電機組成了一種投資方式，培育出了穩定的風電市場。

　　為了滿足農民購買風力發電機組的需求，丹麥的中小企業，尤其是農機製造商，如 Vestas 和 Bonus 等積極開發風力發電機組產品，政府為了促進風電技術的發展和保證產品的安全，在里索（Riso）國家實驗室內建立了風力發電機組試驗站，並授權對符合安全要求的風力發電機組型號頒發認證證書，規定只有獲得認

證的風力發電機組產品才有資格得到政府的補貼。試驗站還就測試時發現的問題提出解決辦法，幫助廠商改進。丹麥風力發電機組製造商得到科研機構的支持，又積累了豐富的現場運行經驗，而且有機會從穩定的風電市場上連續接到訂單，不斷對產品進行改善，單機容量逐步從小到大，一個型號技術成熟了再逐步升級，經歷過 30 千瓦、50 千瓦、100 千瓦、400 千瓦、600 千瓦、750 千瓦直到 1000 千瓦以上的兆瓦級機組，在市場上牢固建立了產品性能好、可靠性高的信譽。20 年來雖然多數公司由於經營問題經歷過破產倒閉，但是穩定的風電市場猶在，通過資產重組、併購，廠商品牌數目從十幾家減少到三家，但是規模擴大，變為上市的跨國公司，風力發電機組製造成長為丹麥出口的支柱產業。

風力發電機組技術的發展也經歷了從多種結構形式趨向於少數幾種的過程，這是市場選擇的結果，只有可靠性高，經濟效益好的機型才能在市場中生存下來。目前風力發電機組普遍採用異步發電機，其轉速受電網頻率制約，基本保持恆定，不需要複雜的同步調速裝置，但是風輪的葉尖速比隨風速變化，難以達到最高的風能轉換效率。變速恆頻並網機組的技術已經成熟，可使風輪保持在最佳葉尖速比狀態下運行，風能利用係數接近最大值，可獲取更多的能量，已發展成為主流產品。

風電場是將多台並網型風力發電機組安裝在風力資源好的場地，按照地形和主風向排成陣列，組成機群向電網供電，簡稱風電場，是大規模利用風能的有效方式，於 20 世紀 80 年代初在美國加利福尼亞州興起。當時美國政府為鼓勵開發可再生能源，頒佈一系列優惠政策，其中聯邦政府稱加利福尼亞州政府對可再生能源的投資者分別抵免 25% 的稅賦，規定有效期到 1985 年底，另外立法規定電力公司必須收購風電，並且價格是長期穩定的。這些政策吸引了大量的資金採購風力發電機組，當時美國自己的生產能力有限，就從丹麥進口，使剛剛建立起風力發電機組的丹麥製造業獲得了大批量生產和改進品質的機會。到 1986 年美國的

總裝機容量達到 160 萬千瓦。此後由於優惠政策中止，美國風電處於徘徊狀態，連續多年幾乎沒有增長。直到 90 年代後期，美國改為按可再生能源發電量減稅，風電場的發展有所回升，成為世界第三風電大國，2004 年的發電裝機達到了 675 萬千瓦。

印度是一個缺電的開發中國家，政府制定了許多鼓勵風電的政策，如投資風電的企業，可將風電的電量「儲蓄」，當電網拉閘限電時，有「儲蓄」的企業能夠得到優先供電。印度風電增長很快，1995 年當年裝機 30 多萬千瓦，2004 年累積達到 298 萬千瓦。

2.2.2　氣候變化的升溫

氣候變化推動了風電技術發展的進一步升溫。歐洲將風電的發展作為實現減排二氧化碳等溫室氣體承諾的措施，減輕環境的壓力是風電發展的主要驅動因素。

2005 年 2 月，《京都議定書》正式生效，成為推動風電發展的新動力。根據《京都議定書》的議定，3 個經合組織（OECD）國家、集團和一些處於經濟轉型期的國家（通常稱為已開發國家），在 2008～2012 年間的承諾期內，必須將其溫室氣體的排放量從 1990 年的排放水準平均降低 5.2%，具體規定了二氧化碳和

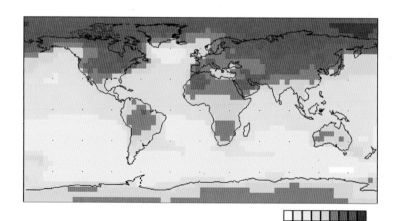

0　1　2　3　4 ℃

圖 2-3　全球氣候變化的溫升圖

其它五種溫室氣體減排的指標，但對開發中國家沒有提出減排要求。《京都議定書》規定了已開發國家可在境外實現部分減排承諾的三種機制，乾淨發展機制（CDM）是京都議定書規定的三個靈活機制之一。通過實施乾淨發展機制，已開發國家向開發中國家提供資金和技術，幫助開發中國家實現可持續發展。同時已開發國家通過從開發中國家購買「可核證的排放削減量（CER）」以履行《京都議定書》規定的減排義務。對於並網風電的乾淨發展機制項目，其特點表現在：可核證的排放削減量來源單一，自身排放可忽略不計，交易和監測成本較低；替代電量的基準線確定相對容易；目前由於風電尚處在發展初期階段，在項目開發的不同階段都存在一定的技術和資金障礙，其額外性也相對明顯；並且現在已經有統一的方法學，使實施可再生能源並網發電 CDM 項目相對簡單。

2.3　成功的經驗

2.3.1　國家政策

最近十年中，風電在世界範圍內快速發展，在一些歐洲國家和印度等開發中國家，市場和產業的年增長率都在 20% 以上，高速發展得益於世界各國採取的各種激勵政策的積極引導，政策是多種多樣的，但歸納之後的主要類型如下。

德國和西班牙等歐洲國家採用的長期保護性電價政策　為風電和其他可再生能源開發商提供擔保的上網電價，以及要求電力公司與風電開發商簽署長期購電契約。長期固定的較高收購風電電價，使這些國家成為風力發電機組市場擴展最快的地區，丹麥的製造商在有關國家都建立了合資公司，生產丹麥品牌的機組。同時當地的製造商奮起直追，搶占自己國家的市場份額，如西班牙的 Gamesa 公司和以生產無齒輪箱風力發電機組著名的德國 Enercon 公司等。

以英美等國為主的可再生能源配額制政策　該政策規定，在總電力供應量中可再生能源應達到一個目標數量，同時規定了達標責任人。風電價格由市場決定，該政策與政府的發展規劃結合，形成一個持續性的政策機制。

建立公共效益基金，支持風電的發展　公共效益基金是風能和其它可再生能源發展的一種融資機制，通常採用電費加價的方式來籌集。此政策被許多國家採用，荷蘭的綠色電力政策是其中的一種形式，主要用於支持風電的發展。

招投標政策　招投標政策是指政府採用招投標程序選擇風電項目的開發商，提供最低上網電價的開發商中標。中標開發商負責風電項目的投資、建設、運營和維護。該政策形成促進風電規模化和商業化的競爭發展機制。這些政策的有效實施，推動了世界風電產業和市場的發展。尤其是歐洲，穩定的經濟激勵政策，保持了歐洲風電穩定高速的增長，1996 年以後年增大率超過30%，使風電成為發展最快的乾淨電源。歐盟 1991 年原來規劃到2000 年裝機 400 萬千瓦，結果 1997 年就達到 479 萬千瓦，不得不制定新的規劃，2000 年的指標為 800 萬千瓦，實際完成了 1363萬千瓦，超額 71%。2003 年歐洲風能協會又提出 2010 年規劃的目標是 7500 萬千瓦，占歐洲電力裝機容量的 10.6%，2020 年的目標是 1.8 億千瓦，占歐洲電力裝機容量的21%。

2.3.2　數字的啓示

2004 年全世界風電的電量約 1000 億千瓦時，占當年各種電源總電量 17.2 萬億千瓦時的 0.58%。由於技術的進步和產品批量的增加，風電的成本持續下降，每千瓦時風電由 20 世紀 80 年代初的 20 美分下降到 1998 年的 5 美分。

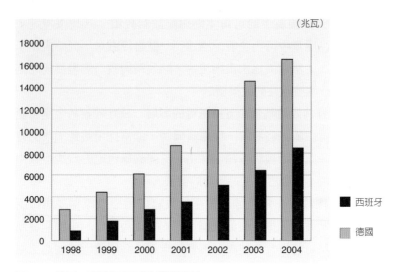

(兆瓦)

■ 西班牙

■ 德國

圖 2-4　德國、西班牙風電裝機增長圖

　　根據丹麥 BTM 諮詢公司對全世界風力發電的裝機容量、產業銷售量等的統計，儘管德國和丹麥等傳統風電大國，發展速度放緩，2004 年新增約 760 萬千瓦，年增長速度仍超過 19%。風電增長率比其它電源增長率高的趨勢仍然繼續，1999～2004 年 5 年的平均增長率為 30%。全球風電行業就業人數超過 10 萬人。

　　2004 年，西班牙成為新的市場領導者，當年完成風電裝機 206 萬千瓦，超過德國成為世界第一。德國完成風電裝機 205 萬千瓦，仍是世界上最大的風電裝機大國，總裝機容量為 1663 萬千瓦。同時歐洲的意大利、英國和歐盟的新成員如波蘭等國發展風電的速度也在加快。同時美洲、大洋洲和亞洲的一些國家成為風力發電的新生力量。特別是中國，2004 年風電當年裝機首次達到 20 萬千瓦，總容量達到 76 萬千瓦，躋身世界 10 強行列。2004 年世界累計風電裝機最多的 10 個國家如下表所示。前十名合計 4271.2 萬千瓦，占世界總裝機容量的 90%。

表 2.1　1983～2003 年世界風電發展情況

	累積裝機 （萬千瓦）	平均年 增長率 （%）	風電電量 （億千瓦時）	總電量 （萬億千瓦 時）	風電占總 電量比例 （%）	丹麥當年 裝機平均 單機容量 （千瓦）	成本 （美分/ 千瓦時）
1983	14					30	15.3
1985	94					55	10.9
1987	144	27				100	7.2
1989	171	9				150	6.6
1991	216	13				200	6.1
1993	298	19				300	5.6
1995	484	31				500	5.4
1996	607	26	122	13.6	0.09	600	5.3
1997	764	26	154	13.9	0.11	600	5.1
1998	1015	33	213	14.3	0.15	687	5.0
1999	1393	37	232	14.7	0.16	750	4.9
2000	1845	32	373	15.2	0.25	931	
2001	2493	35	503	15.6	0.32	850	
2002	3204	29	648	16.2	0.40	1443	
2003	4030	26	822	16.7	0.50	1988	
2004	4791	19	1000	17.2	0.58	2100	

資料來源：丹麥 BTM 諮詢公司

圖 2-5

表 2.2　2004 年世界累計風電裝機最多的十個國家　　　　　（萬千瓦）

	累計裝機	當年裝機	比例
德國	1662.8	205.4	34.71%
西班牙	826.3	206.4	17.25%
美國	675.2	38.9	14.09%
丹麥	308.3	3.8	6.44%
印度	300.0	87.5	6.26%
意大利	126.1	35.7	2.63%
荷蘭	108.1	19.9	2.26%
日本	99.1	23.0	2.07%
英國	88.9	35.3	1.86%
中國	76.4	19.4	1.59%
世界總計	4791	760	100%

丹麥 308.3
荷蘭 108.1
英國 88.9
西班牙 826.3
德國 1662.8
意大利 126.1
印度 300.0
日本 99.1
美國 675.2
中國 76.4

資料來源：丹麥 BTM 諮詢公司

　　風電的電量與當地風能資源、風力發電機組效率和可靠性有關，表 2-3 與表 2-4 中的年電量是以 2003 年累積風電裝機容量和估計容量系數數測算的。

表 2.3　2004 年風力發電總發電量

國家	德國	西班牙	美國	丹麥	印度	意大利	荷蘭	全世界
裝機容量／萬千瓦	1662.8	826.3	675.2	311.8	298.3	126.5	107.8	4791
估計年等效滿負荷小時數		1850	2100	2300	1800	2100	2000	2087
估計容量系數	21%	24%	26%	26%	20%	24%	23%	23%
年電量／億千瓦時	308	174	155	70	54	27	22	1000

資料來源：《風力 12%》2004、2005 年版整理

表 2.4　1997 年到 2003 年世界兆瓦級機組份額的增長

	1997 及以前	1998	1999	2000	2001	2002	2003
當年兆瓦級裝機／萬千瓦	15.3	41.7	107.6	177.9	357.0	448.5	595.6
當年兆瓦級裝機台數	128	332	802	1293	2436	2776	3704
當年兆瓦級平均單機容量／千瓦	1195	1256	1342	1376	1466	1616	1608
占當年新增風電裝機容量的比例	9.7%	16%	27.4%	39.6%	52.3%	62.1%	71.4%

資料來源：丹麥 BTM 諮詢公司

　　風力發電機組單機容量繼續增大，兆瓦級機組的市場份額成為主流，1997 年及以前還不到 10%，2001 年則超過一半，2003年達到 71.4%。

　　在歐洲因爲風能資源豐富的陸地面積有限，過多安裝巨大的風力發電機組會影響自然景觀，而海岸線附近的海域風能資源豐富，面積遼闊，適合更大規模開發風電。20 世紀 90 年代中期丹麥在近海建立了兩個示範風電場獲得成功，顯示技術上是可行的，2000 年開始建設商業化近海風電場的示範工程，每個風電場的規模爲 4 萬千瓦到十幾萬千瓦，2002 年丹麥建成了最大的近海風電場，擁有 80 台 2 兆瓦機組，裝機容量 16 萬千瓦，2003 年又建成更大的近海風電場，擁有 72 台 2.3 兆瓦機組，裝機容量 16.6萬千瓦，使世界近海風電總裝機容量達到 53 萬千瓦。預計 2005年以後德國也將大規模開發。

2.3.3　產業保障

　　根據年銷售額的業績，2003 年風力發電機組製造商前十名的公司及其市場份額見下表，前十名風電設備製造商的市場份額超過 90%。枯燥的數字告訴我們，製造業在市場中產生，並在市場中發揚壯大。世界前十名的設備製造商主要集中在風電發展最快和規模最大的國家中。

　　20 世紀 90 年代，丹麥和德國幾乎壟斷著風機製造業，進入21 世紀，通用電氣、西門子、Gamesa 以及一批開發中國家的傳統設備製造企業進入風電設備製造業，給發展中的風電製造業增添了活力。2004 年全球風機製造總量超過 800 萬千瓦，銷售額達到 80 億歐元。製造業的迅速發展成爲風電產業持續發展的有力保障。

表 2.5　2003 年十名風電設備製造商及其產量和市場份額

	當年生產 （萬千瓦）	當年市場份額 （%）	累積生產 （萬千瓦）	累積市場額 （%）
Vestas（丹麥）	181	21.7	840	20.8
GE Wind（美國）	150	18.0	443	11.0
Enercon（德國）	122	14.6	576	14.3
Gamesa（西班牙）	96	11.5	394	9.8
NEG Micon（丹麥）	86	10.2	640	15.9
Bonus（丹麥）	55	6.6	337	8.4
REPower（德國）	29	3.5	89	2.2
Made（西班牙）	24	2.9	127	3.2
Nordex（德國）	24	2.9	222	5.5
Mitsubishi（日本）	22	2.6	81	2.0

資料來源：丹麥 BTM 諮詢公司

2.3.4　國家成功案例

　　德國和丹麥是老牌的風電大國，西班牙和印度是後起之秀。他們成功的經驗值得我們借鑒，德國、丹麥的經驗已經在《風力12%》2004 年版中介紹，這裡不再贅述，僅列出西班牙和印度的案例，供讀者參考。

圖 2-6

2.3.4.1 西班牙——南歐的榜樣

在歐洲，西班牙成爲新的市場領導者，蟬聯世界第二裝機大國。鄉村地區稀疏的人口和有力的政府支持，使得西班牙成爲風電設備製造和開發的強者。1993 年，西班牙還只有 5.3 萬千瓦的裝機容量，大部分集中在南部風力較強的地區。到 2001 年底，總容量激增至 355 萬千瓦，當年新增的裝機容量就占 30%。2002年，新增裝機 149.3 萬千瓦，2003 年 137.7 萬千瓦。2004 年，更一舉就實現了 206.4 萬千瓦的裝機容量，超過德國的 205.4 萬千瓦，成爲當年世界風電裝機第一大國。

在西班牙，風電發展的一個最主要的推動力是自下而上的，地方政府非常樂於見到因風電新建起的工廠和創造的就業機會。現在，風電場已遍布全國。從西北部崎嶇的海岸到那瓦拉山脈（Navarre），到佩雷尼斯（Pyrenees），再到沐浴陽光的卡斯蒂拉—拉曼恰（Castilla la Mancha）。已安裝的風機中有 75% 的是西班牙本國產品——Gamesa, Made 和 Ecotecnia。

西班牙之所以成功，是因爲綜合了幾個因素。風能資源非常充沛，分布的範圍是丹麥的 10 倍，國家支持和促進地區發展的政策強有力而直接。

首先是國家的立法支持。支持可再生能源的國家法律於 1994年引入，法律要求所有的電力公司保證在 5 年期內以補貼價格購買綠色電力，其做法與德國的強制購電法相似。1997 年，政府再次確認它對可再生能源的承諾，引入一個新的法律，使可再生能源與逐步開放競爭的歐洲能源市場更爲協調。

1997 年的立法制定了一個目標，要求到 2010 年，至少 12%的能源來自可再生能源。這個目標與歐盟目標相一致。同時，它還就每一種綠色電力的價格做出新規定，其中風電可以以零售電價 80%～90% 的上網電價進行銷售。政府同意在 2003 年將這一價格確定在 6.38 歐分 / 千瓦時，使得風電成爲一項很有吸引力的投資。

　　其次是地方政府的政策。他們提供的激勵非常簡單，那些有意開發本地風能資源的公司，必須保證儘量在本地製造商中採購設備，以有利於地方經濟。

　　採用這個做法的先鋒是加利西亞省，它位於西北部，其海岸伸向大西洋。地方政府的計劃是到 2010 年完成 400 萬千瓦的裝機容量，以供應全省 55% 的電力需求。為了完成這個計畫，政府選出一批公司，其中包括電網公司和風電機組製造商，授予特許權，在 140 個特定的「勘察區域」完成接機配額。這些項目總的投資價值 33 億歐元。

　　加利西亞省的目標是，至少有 70% 的投資是在省內進行，以創造數以千計的就業機會。結果，製造槳葉、零組件和風機的工廠遍布全省。到 2003 年底，已實現 157.9 萬千瓦的風電裝機容量，達到目標的 40%。

　　那瓦拉省似乎更加雄心勃勃，2003 年一年達到 71.7 萬千瓦，已接近其作為 2010 年目標的 90 萬千瓦。與別的可再生能源一起，這個省將僅僅依靠可再生能源達到能源自足。那瓦拉省的大多數風電場是由西班牙領先的獨立風電開發商 EHN（那瓦拉水電能源公司）公司製造的。

　　其它省份也有類似的工業發展計劃。到 2011 年，14 個地區的裝機容量計劃達到 1300 萬千瓦。最後一個簽署這份能源計劃的是瓦倫西亞省（Valencia），其目標為 200 萬千瓦。

　　西班牙的發展模式有異於其他歐洲國家，其大多數的風電場規模都非常大，投資者往往是由電力公司、地方政府和風電機組製造商組成的財團。

　　儘管國家法律沒有指明目前的價格支持體系將會延續多長時間，但是因為對可再生能源的廣泛的政治共識以及《電力法案》中設定的到 2010 年實現 12% 可再生能源份額的目標，西班牙的銀行還是樂於貸款給風電項目。

圖 2-7

目前，西班牙國內一些地區有關風電主要的技術問題還是陳舊的電網基礎設施。因此，有必要進一步建設連接風電場的輸電網絡。這個問題一部分已經解決，在不同的開發商之間已經達成一些分攤費用的協議，最終他們都將從中受益。但是，一些較小型的開發商在與電網運營商洽談契約時，還是會面臨實質性的困難。電網公司很多時候都會濫用他們的有利地位，想辦法拖延或者避免風電並網，尤其是會拒絕那些獨立風電開發商。阿拉貢省（Aragon）已經制定一個強制機制來解決風電並網遇到的問題。

2.3.4.2　印度──開發中國家的領頭羊

印度的風電的發展速度驚人。2005 年 3 月，總裝機容量達到 360 萬千瓦，2004 年比 2003 年淨增了 111 萬千瓦。目前印度的風電開發在亞洲處於領先地位，在世界上也保持在前五大生產國之列。2004 年的增長也是單年增長最高的紀錄，與上年相增長45%。即使如此，從這個國家的巨大潛力來看，仍有很大的發展空間。

印度發展風能的原始推動力來自其 20 世紀 80 年代早期的

非傳統能源部，現改名爲非傳統能源署（MNES）。他們的目的是爲了鼓勵發展化石能源之外的其他多樣化能源，以滿足因經濟快速增長而對煤、石油和天然氣的大量需求。MNES 對風能進行了大量研究，並建立了全國範圍內的風速測量站網絡系統，這些風力潛能的評估和確認，使得對適宜地區進行風力發電的商業開發成爲可能。據推測，印度全國的風能總發電量預計最終能達到4500 萬千瓦。

爲鼓勵投資，印度政府對風能的財政鼓勵措施包括加速折舊、十年免稅和投資補貼等優惠措施。爲了貫徹落實這些措施，印度非傳統能源部，還發布了對各州政府的指導方針，爲風力發電項目的出口、採購、融資創造有吸引力的條件。個別的州還有自己的鼓勵措施，包括投資補貼等措施。

在印度，投資風電的一個重要的吸引力，就是在一個常常斷電的國家，這些投資商可以優先獲得持續的電力供應的保障。所以在印度，風電行業往往是製造業和其它工業業主的投資熱點，並且以私人投資爲主，印度 97% 的風電投資來自私人部門。

在過去的幾年中，政府和工業界的良好合作，成功地給全國風電市場帶來了巨大的穩定性。這種狀況大大鼓勵了私人和國有部門通行投資。同時，這樣的動力也刺激形成了一個更強大的國內製造業。現在印度風電市場上 80% 以上的風機零組件來自國內，同時也形成了自主品牌。目前，大約有 10 家風機公司向印度市場提供產品。如今的景象，跨越整個國家，都能看到風電場的影子，從海岸平原到山谷地帶，再到沙漠。印度政府現在將目標設定在 2012 年裝機容量達到 500 萬千瓦。目前已經完成了 300 多萬千瓦，如果保持目前的增長速度，這個目標將會被輕易超越。

圖 2-8

2.3.5 企業成功案例

20 世紀90 年代，丹麥和德國在全球風機製造業占據壟斷地位。進入 21 世紀，GE、西門子、Gamesa 和其它一些發展中國家的傳統設備製造商陸續進入這個行業，給風力發電工業帶來新的活力。2004 年，全行業共生產裝機容量為 800 萬千瓦的風力發電機，銷售額達到 80 億歐元。快速發展的製造業保證了風電業的持續發展。

政策造就市場，市場催生成功的企業。接下來的兩個例子就是分別來自西班牙和印度的兩個製造業後起之秀：Gamesa 和 Suzlon。

2.3.5.1 Gamesa——軍轉民的成功案例

西班牙成功地利用風電市場擴張的機會完成了風電機組的本地化生產，形成了自主品牌的風機製造商——Gamesa。2004 年它擁有了世界市場 17% 的份額，成為世界第二大製造商。它最初是

圖 2-9

西班牙一家航空業，製造商 Gamesa 集團與風電製造巨頭 Vestas 合作，利用 Vestas 的技術，專門服務西班牙、拉丁美洲和北非的市場。在形成了一定的市場規模和技術水平之後，2001 年，它以 2.87 億歐元的價格從 Vestas 手中買下 40% 的公司股份，之後又以 6500 萬歐元的價格從西班牙某地區政府手中買下 9% 的股份。在過去幾年中，Gamesa 已經出售了其飛機製造業務，並且也出售了其擁有的一些風電場股份，成功地由一個不大景氣的飛機製造商，成為一個著名和專業的風機製造商。現在，這家公司已經完全為 Gamesa 所擁有，下轄 12 家工廠，正在向世界範圍擴張。

2.3.5.2　Suzlon——借殼生蛋

Suzlon 能源公司，是一家印度獨資的風電機組製造商，它已經在國內市場占有重要的地位，連續七年在印度市場占據首位，在 2004 年占有印度 43% 的市場份額。該公司目前有員工 1500 人，可以生產一系列的風電機組，單機容量最高可達 2 兆瓦。該公司成立於 1997 年，最初同 Südwind 合作。Südwind 司原是歐洲一家風電機組製造商，但早些年前已經破產。有了強大的技術合作為基礎，Suzlon 公司獨立開發了幾種新產品。為了掌握國際最新的先進技術，雖然 Suzlon 公司的主要生產機構仍在印度，但是

它在德國建立了自己的技術開發機構，在荷蘭成立了一個風輪葉片模具加工的研發機構。最近又在丹麥建立了研發機構，利用國外的先進技術和成熟的技術市場，借殼生蛋，發展和壯大了自己的風力發電技術產業。現在，Suzlon 已經出口風電機組到國外市場，主要出口到美國和澳大利亞。中國已經是它市場開發的下一個目標。

風電的社會效益和環境效益

圖 3-1

3.1 風電的環境效益

　　傳統能源的眞實生產成本包括那些不得不由社會吸收的代價，包括健康影響和當地及地區性的環境惡化，從汞污染、酸雨到氣候變化這樣的全球性影響。歐盟委員會通過一個叫做「外部性E」的項目，試圖量化眞實成本，包括發電的環境成本。它估計，如果將外部成本內部化，煤和石油發電的成本將翻倍，天然氣的成本則會上升 30%。這個研究進一步證明，這個代價占到歐盟國內生產總值（GDP）的 1%～2%，大約在 850 億～1700 億歐元之間。這還不包括因爲氣候變化引起的健康、農業和生態破壞。如果這些成本被計算進電力價格，許多可再生能源，包括風力發電，將不需要任何政府政策扶持，而獲得完全的市場競爭力。在歐盟，僅 2005 年一年，風電就避免了 50 億歐元的外部環

境成本的發生。

　　圖 3-2 為中歐洲風能協會的研究成果。圖中左側的方柱代表風電，其高度代表風電的成本，其中灰色為內部成本，即生產 1 千瓦時電能項目所花的費用，黑色為外部成本，即生產或消耗 1 千瓦時電能所需的外部代價。右側的方柱代表石油、煤炭等常規能源，其高度代表常規能源成本，其中灰色和黑色各代表的意義與風電相同。

　　由圖可見，一般能源發電的社會成本比風能發電高得多，大約高出 40%。這就是說，比起風能發電，一般能源每發出或消耗 1 千瓦時電，全社會要多付出 40%。這些是外部成本，以環境污染和資源消耗為代價。而風電由於基本沒有外部成本，其社會成本就小得多。這個研究說明，對於整個社會來說，使用風電比使用一般能源發電要划算，要經濟得多。

　　火力發電的外部成本主要是由其燃燒化石燃料時釋放的氣體所造成的。首當其衝的就是氣候變化的最大元凶──二氧化碳。全球最權威的氣候科學家組織，政府間氣候變化專門委員會在其 2001 年出版的第三份評估報告中指出，過去 20 年，人為活動向大氣中排放的二氧化碳中有大約 3/4 來自燃燒化石燃料。並且，現在全球的升溫速度不僅是整個 20 世紀前所未有的，還很可能是過去 1000 年未曾有過的。這種迅速的變化，將導致越來越多的環境、社會和經濟的災難。

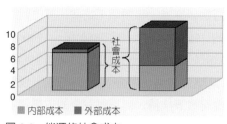

圖 3-2　能源的社會成本

化石燃料電廠 CO_2 的排放量
（克／千瓦時）

發電能源	排放量
煤炭（因技術種類不同而不同）	715～962
石油	726
天然氣	428
火力發電平均水準	600

風力發電，是當前既能獲得能源，又能減少二氧化碳排放的最佳途徑。要評估由減少二氧化碳排放所帶來的好處，還要看風電是取代哪一種發電的方法，世界能源委員會的計算顯示出不同化石燃料的二氧化碳排放水準，估計風電平均每提供 100 萬千瓦時的電量，便能減少 600 噸二氧化碳的排放。

根據國家發展和改革委員會的規劃，至 2020 年，中國風電總裝機容最將達到 2000 萬～3000 萬千瓦，年發電量約爲 400 億～600 億千瓦時，即每年能減少二氧化碳排放量爲 2400 萬～3600 萬噸，將在很大程度上有助於環境質量的改善。

中國環境科學研究院的研究結果顯示，2004 年全國因二氧化硫排放造成的人民健康、建築腐蝕、生態惡化的經濟損失，總共接近 133 億元人民幣，相當於中國當年 GDP 的 3%。

據中國國家環保總局的統計，中國環境對導致酸雨的二氧化硫的最大容量是 1200 萬～1400 萬噸，但如果按照目前對中國 2020 年能源前景的估測，中國屆時將每年排放 2800 萬噸二氧化硫，如不加以控制，無論對環境還是對人民健康，這都將是一場災難。顯然，發展風電可以在一定程度上減少以上這些有害氣體的排放。

不僅如此，從整個生命週期分析，同樣可以獲得風電場作爲優質能源的印象。以一個 10 萬千瓦的風電場爲例，研究表明，風電場平均運行 14 天時間，其上網電量就足以補償爲了製造、裝配和安裝風力發電機組設備過程中研發生的直接能源消耗；風電場平均運行 108 天，其上網電量就足以補償爲了得到這些設備過程中所用原材料而發生的綜合能耗；風電場平均運行 4.5 天，其上網電量就足以補償爲了運輸這些設備而消耗的能量；三部分能量的總和，風電場平均運行 126.5 天可以完全補償。

這就是說，建成一個 10 萬千瓦規模的風力發電場所消耗的能量，風電場平均運行 4 個月多一點就可以完全補償。如果風電場壽命按 20 年計算，則可以發出建設一個風電場所消耗的能量

58 倍的電力，這是一個相當大的能量效率值。由此可見，風力發電對於資源節約、環境保護的效益是十分顯著的。

3.2　風電的社會效益

　　風力發電已經被證明具有廣泛的社會效益，這些效益除了環境效益之外，還有就業效益和脫貧致富等社會綜合效益。

　　任何一個新的工業都會爲當地創造新的就業機會。美國的一項研究指出，生產同樣的電力，風電比煤炭發電多創造 27% 的就業，比天然氣聯合循環發電多創造 66% 的就業。據歐洲能源聯盟統計，2002 年歐洲由風電產業（包括風電設備的製造、安裝和維護）創造的就業機會達到 72275 個，其中風電設備製造業創造的就業機會有 47625 個，若按 Gipe 先生的風力發電一書統計，僅德國、丹麥和西班牙的風電產業就業機會達到 80000 個。

　　歐洲風能協會的《風力 12%》中指出，到 2020 年，世界各地將創造出 180 萬個與風電產業有關的就業崗位。丹麥的就業數據表明，每生產 1 兆瓦的風電設備，就會創造出每年 17 個人的就業機會。在人口只有 500 萬的丹麥，就有 2 萬人從事風電產業，並且形成了一個營業額達到 30 億歐元的龐大產業。根據美國新能源政策項目的研究結果，在美國，每生產 100 萬千瓦的風機，可產生的潛在就業人數爲：製造業 3000 人、安裝 700 人、運行維護 600 人，即所增加的潛在就業 70% 來自於製造業。另據美國世界觀察研究所的一項報告，10 億千瓦時發電量，用煤炭或核燃料只提供 100～116 個就業機會，而風電場則可以提供 542 個工作崗位。考慮到中國勞動力成本比美國低，中國的風電比發達國家更具經濟上的競爭力。

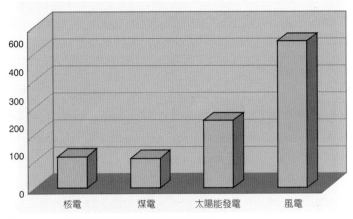

圖 3-3　10 億千瓦時發電量提供的工作崗位

　　與美國相比,中國的生產效率遠遠低於美國,也就是說,在中國風電行業的發展所能帶來的潛在就業要明顯高於美國。目前,中國的風電直接從業人員大約為:零組件製造業約 3500 人;整機製造業 300 人以上;風電場運行維護 500 人左右;此外還包括相關基礎行業及風電場投資、風電場建設、風機吊裝及運輸等。2020 年如果中國建成 3000 萬～4000 萬千瓦的風力發電,至少可以提供 15 萬～20 萬個新的就業機會。

　　具有風能資源的地區,特別是風能資源豐富的地區,一般情況下都是自然條件比較惡劣的地區,當地居民發展經濟的條件很差,風力發電很有可能是當地脫貧致富的唯一手段。例如內蒙古的輝騰錫勒風電場所在的縣財政收入的 70% 來自於風力發電,同時當地人民還發展了旅遊業、土特產加工業等,使得當地的人民逐漸地富裕起來。輝騰錫勒的經驗已經傳播到甘肅的安西地區、寧夏的賀蘭山地區、吉林的通榆地區,這些地區都有機會建設成為百萬千瓦的特大型風電場。

圖 3-4

3.3 風電的環境問題

風電最大的環境問題有三個方面。

⊙噪音 風力發電機靠葉片驅動發電機轉動發電，不可能沒有噪音。但是，現代化風機的噪音已經很小。1 台 1 兆瓦風機，在方圓 300 米內的噪音是 45 分貝。

⊙外型 雖然大多數人認為風力發電機是美麗的，就像荷蘭的風車一樣，風電場大多數情況下成為旅遊景點，但是有一些人堅持認為風電有礙觀瞻，最好遠離居民點和風景區。

⊙生態保護 儘管緩慢轉動的葉片很少傷及鳥類，但是在候鳥大批經過時難免發生事故。因此，在風電場選址時，應儘量避免候鳥遷徙的路線。

圖 3-5

結論

總體來說，風電的環境和社會效益可以體現為：

⊙減少氣候變化和其它環境污染。

⊙創造就業，促進地區經濟繁榮和革新。

⊙能源供應多元化，減少石油消耗量。

⊙提供能源安全，防止因獲取自然資源而產生的衝突。

⊙通過增加能源獲得，減少貧困。

⊙提供對抗化石燃料價格上漲的工具。

⊙燃料免費、充足、永不耗竭。

⊙全球風力資源大於全球能源需求。

⊙提供公用事業規模的電力供給。

⊙標準化且安裝迅捷。

⊙不存在致命和難以控制的環境危害。

肆 風電的成本與價格

圖 4-1

4.1 風電的成本

　　風力發電是可再生能源技術中成本降低最快的發電技術之一。隨著市場發展和技術進步，風電價格顯著下降。在過去 5 年裡，其成本下降約 20%。風電成本隨平時風速的增加而降低。在一個資源好的場址，風電成本已經能與新建火電廠相競爭。根據國外測算，平均風速爲 7 米／秒的場址，如果投資爲 700 歐元／千瓦，則風電可以與天然氣發電競爭。

　　隨著製造成本和其它成本的逐步下降，風電的每度電成本也大幅度下降。根據 Riso 丹麥國家研究實驗機構對安裝在丹麥的風電機組所進行的評估，1981～1995 年間，風電成本由 15.8 歐分／千瓦時下降到 5.7 歐分／千瓦時，減少了 2/3。2002 年丹麥每千瓦裝機容量的投資成本爲 823 歐元，發電成本 4.04 歐分／千瓦時。預計 2010 年發電成本下降至 3 歐分／千瓦時，2020 年降低至 2.34 歐分／千瓦時。下頁的圖爲風力發電度電成本的變化趨勢。

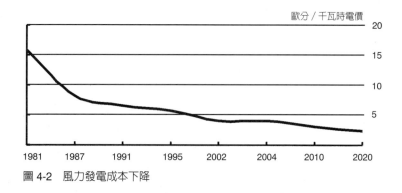

圖 4-2 風力發電成本下降

　　總之，儘管風電是相對年輕的產業，但它的經濟性已經很強。

　　根據歐洲風能協會的分析，1990～2000 年，風力發電成本下降了 50%，達到了 5～6 美分／千瓦時，到 2010 年還可以下降 30%。在未來 10～20 年間，風力發電的成本將繼續下降，主要因為風電機組價格的下降。

　　事實上，不同國家的風電成本大不相同，其原因是由於不同的風能資源和不同的建設條件，包括不同的激勵政策，但總體趨勢是風電成本越來越低。成本下降有許多原因，如隨著技術的改進，風電機組越來越便宜並且高效。風電機組的單機容量越來越大，減少了基礎設施的費用，同樣的裝機容量需要更少數目的機組。隨著貸款機構增強對風電技術的信心，融資成本也將降低。隨著開發商經驗越來越豐富，項目開發的成本也在降低。風電機組可靠性的改進減少了運行維護的平均成本。另外，開發大型風電項目能減少項目的總投資，從而減少度電成本以實現成本效益。風電場的規模大小影響著它的成本，如大規模開發可吸引風電機組製造商和其他供貨商提供折扣，使場址的基礎設施費用均攤到更多風電機組上以減少單位成本，還能高效利用維護人員。

4.2　與傳統能源比較

　　從世界風電產業發展歷程來看，風電在產業化和國產化達

到一定規模後，其價格就可以表現出相當的優勢。如在歐洲一些地區，每千瓦時風電的綜合成本已降到 4～6.3 美分，而煤電是 7.3～24.3 美分，天然氣電是 5.2～9.4 美分，核電是 11.4～15.3 美分。在中國也有數據顯示，目前在風能資源豐富的內蒙古、新疆等地，風電設備的有效利用小時可達到 2400 小時左右，每千瓦時風電成本已降至 0.4～0.5 元，與沿海地區的火電成本持平。

由此看來，在中國政府優惠政策激勵下，風電產業規模將逐步擴大，設備造價和發電成本將不斷降低，這將大大增強與煤電、水電和核電的市場競爭能力。另一方面，隨著煤炭、油氣等不可再生能源的逐漸枯竭，其發電成本將逐年增加，煤電污染治理成本也將逐年增加（據世界銀行專家估計，到 2010 年中國煤電污染治理成本將達到 0.08 元/千瓦時），導致火電成本呈上升趨勢。從中國煤電與風電價格（不含增值稅）的變化趨勢看，風電價格將從近年的 0.55 元/千瓦時，下降到 2020 年的 0.40 元/千瓦時左右；而煤電價格將從近年的 0.35 元/千瓦時，上升到 0.40 元/千瓦時左右。由此看來，到 2020 年，中國風電將變成一種經濟上有競爭力的電力資源。比較樂觀的觀點認為，隨著規模的擴大，在中國，2010 年風電就將具有和煤電競爭的能力。

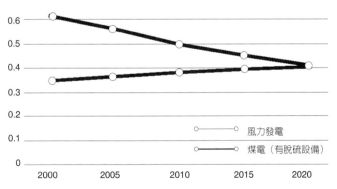

圖 4-3　中國風電與煤電價格（不含增值稅）的變化趨勢

4.3　中國風電成本現況

　　相對於國際水準而言,中國風力發電成本和上網電價相對較高,2000 年以前建成的風電場,其上網電價均在 0.5 元／千瓦時以上。據專家測算,選擇一個擬建的 10 萬千瓦風電項目的測算對象,並假定採用 600 千瓦大型國產機組(國產化率不低於 60%),風電年平均滿發時間為 2300 小時,工程造價不高於 7900 元／千瓦,15 年還貸,資本金內部收益率控制在 12% 以內,經營期按 20 年計,參照計價格[2001]701 號文「關於規範電價管理有關問題的通知」的要求,其平均電價測算結果是:風力發電經營期平均成本一般為 0.32 元／千瓦時,上網電價含增值稅為 0.64 元／千瓦時,不含增值稅為 0.55 元／千瓦時。再選擇一個 2×35 萬千瓦的新建燃煤電站為測算對象,測算煤電的平均電價水準,其結果為發電成本 0.227 元／千瓦時,含稅上網電價 0.352 元／千瓦時,不含稅電價為 0.314 元／千瓦時。從風電與煤電上網電價的比較結果看,風電上網電價比煤電高出 40% 以上,每千瓦時高出 0.26 元。

　　目前,導致中國風電成本高的原因主要有三個。

　　⊙固定資產折舊費用大,比例高　在燃煤發電成本中折舊費用的比重約 20%～22%,而風電卻高達 53%,高出 1 倍多。風電設備維修費用也很高。

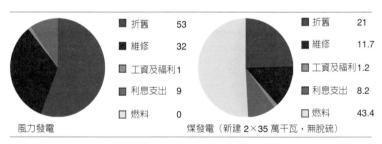

風力發電		煤發電(新建 2×35 萬千瓦,無脫硫)	
■ 折舊	53	■ 折舊	21
■ 維修	32	■ 維修	11.7
■ 工資及福利	1	■ 工資及福利	1.2
■ 利息支出	9	■ 利息支出	8.2
□ 燃料	0	□ 燃料	43.4

圖 4-4　風電、煤電發電成本構成對比(%)

⊙**風力發電容量係數低，發電最小**　在相同容量條件下，風力發電年發電量僅相當於燃煤發電的 1/2。因而，儘管風力發電不收資源稅，不消費任何燃料，但發電成本仍高於煤電。

⊙**風電稅負較重**　從經濟分析的角度來看，風電的稅賦和還貸負擔過重。目前，在中國增值稅率一般為 17%，風電享受 8.5% 的增值稅優惠，但是，由於風電不像煤電那樣，有燃料的進項稅抵扣，實際上造成風電的稅負高於煤電的稅負。圖 4-5 表明了風力發電和燃煤發電上網電價的構成比例。顯然，在煤電成本比重明顯高於風電成本比重的情況下，由於風力發電需繳納 27% 的稅金（其中增值稅及其附加為 15.4%），比煤發電約高 8 個百分點；同時還需將 8.6% 的利潤用於還貸，也比煤電多 7.3 個百分點。從絕對值來說，風力發電每千瓦時交納的稅金為 0.173 元，而煤電只有 0.07 元，風電稅賦幾乎是煤電的2.5倍。

4.4　風電上網電價

風電的上網電價主要是取決於資源條件。例如，西班牙、澳大利亞和美國風能資源條件較好，上網電價較低，一般在每千瓦時 6～8 美分，德國、意大利等國風能資源較差，價格分別每千瓦

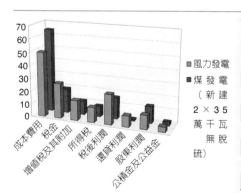

	風電	煤電
平均上網電價	100	100
成本費用	49.7	64.47
稅金	27.0	18.96
增值稅及其附加	15.4	10.8
所得稅	11.5	8.16
稅後利潤	23.3	16.57
還貸利潤	8.6	1.18
股東利潤	10.90	12.90
公積金及公益金	3.90	2.49

■風力發電
■煤發電（新建 2×35萬千瓦無脫硫）

圖 4-5　風電、煤電上網電價構成對比（%）

時從 8～13 歐分不等。風電的上網電價，都考慮了其環境外部成本。

表 4.1　部分國家的風電上網電價

國家	歐分／千瓦時	說明
奧地利	7.8	2003 年開始實行，以前為 10.9 歐分／千瓦時
澳大利亞	4.40	電價和環境獎勵各占一半
比利時	7.50	5.0 歐分／千瓦時（電價）+2.5 歐分／千瓦時（綠色證書），5.0 歐分／千瓦時為國家電價，十年不變
丹麥	3.63	由北歐電力市場的價格加 1.2 歐分／千瓦時（無綠色證書的補償）組成 2002 年政府對改造項目所發風電給予優惠電價 8.4 歐分／千瓦時（風機前 12,000 滿發運動小時）
法國	8.36	適用於最初 5 年運行，在隨後 10 年裡，對於風資源好的風場，降為 3.05 歐分／千瓦時
德國	9.10	適用於最初 5 年運行，隨後將根據所在場址的「能源價值」來調整總體供電比例
希臘	5.75～7.00	不同地區電價不同，中國風電場可獲得 90% 的最終銷售電價，即 5.75 歐分／千瓦時，不能與中國聯網的風電場可獲得 7.0 歐分／千瓦時，另外可得到 40% 的資本金補貼
愛爾蘭	4.8～5.3	對於 3 兆瓦項目，電價為 4.8 歐分／千瓦時，小項目為 5.3 歐分／千瓦時，第五個替代能源計畫中，採用競標方式
意大利	11.70	最初 8 年運行時為此電價，隨後為 5.35 歐分／千瓦時，2002 年電網公司必須提供 2% 的可再生能源電力，將引進綠色證書市場，價格為 6.7 歐分／千瓦時，加上市場的能源價格 5.0 歐分／千瓦時，即為 11.7 歐分／千瓦時
日本	10.50	2000 年和 2003 年的電價，另外對於公共公司可獲得高達 50% 的資本金補貼，對於私人，可獲得 33%
荷蘭	8～9	由於用戶對綠色能源的強勁需求，可再生能源發電商將得到此電價，目前從其他歐洲國家進口可再生能源電力
挪威	3.20	在 2002 年冬季，北歐電力市場電價上升，政府補貼資本高達 25%，擬向荷蘭出口綠色電力
西班牙	6.27	政府批准的風電電價為 6.27 歐分／千瓦時，其中補貼為 3.0 歐分／千瓦時
瑞典	5.25	生態獎勵為 2.25 歐分／千瓦時，小於 1.5 兆瓦的項目，再獲得額外的 1.2 歐分／千瓦時，擬實行綠色證書市場，政府貼 15% 的資本金
英國	7.5～7.8	政府要求可再生能源電力達到 3%，否則罰款 4.5 歐分／千瓦時
美國	5.53	包括 1.8 美分／千瓦時稅收抵扣

伍 中國的發展歷程

圖 5-1

　　儘管中國在 1800 多年前就有了帆船、風車等利用風能的記錄，但現代風電產業的發展卻始於 20 世紀 60～70 年代，並且是從離網式小風機的研發推廣開始的。並網式大型風電的開發則始於 70 年代末，在 80 年代後期開始得到規模化發展，這比國外僅僅晚了大約十多年。幾十年來，在政府各部門的大力提倡和支持下，在一批批熱心於風電事業的人士共同努力推動下，中國的風電產業從無到有，如今已經看到了未來的輝煌前景。

5.1 離網式風電

　　中國在 20 世紀 50 年代，就有過研製風力發電機組的活動。但有實用價值的新型風力機研製到 60～70 年代才開始起步。70年代以後，發展較快，在裝機容量、製造水準及發展規模上都居於世界前列。離網式小風機對解決偏遠地區農、牧、漁民基本生

活用電起到了重大作用。在這方面內蒙古自治區走在全國前列。到 2002 年底，全國累計生產各類小風機約 24 萬台，總容量約 64 兆瓦，年發電量約 8100 萬千瓦時。單機額定功率 0.05～10 千瓦。目前中國國內有主機生產廠家 22 個，零件配套廠家 10 個，研發單位 16 個，年生產能力約 4 萬台。產品除供應國內需求外，還出口到亞洲、非洲、大洋洲、北美洲、歐洲的二十多個國家和地區。目新，中國小型風力發電機組的年產量、產值和保有量均居世界之首。

近年來，和光伏電池配合的風—光互補系統，容量可達數百瓦到數十千瓦，能完成給農牧民家庭以及海島、邊防站、通訊台站、輸油管道站點等重要設施的獨立供電任務，已逐步得到越來越廣泛的重視和應用。2002 年國家啓動了送電到鄉工程，風—光互補系統發揮了一定的作用，近百個鄉鎮採用了小型風電和太陽能光伏發電互補的形式解決邊遠地區的供電問題。初步估算，中國西部地區有 20 多萬戶農牧民安裝了小型風力發電機，爲將近 100 萬農牧民提供了電力。

圖 5-2

5.2 並網風電

中國風電的發展近年來終於迎來了商業化的啓動。2004 年底已建成 43 個風電場，安裝 129 台風力發電機組，全國並網風電裝機容量達到 76.4 萬千瓦，裝機位居世界第 10 位，亞洲第 3 位。1997 年以前，中國的並網風電處於試點和示範階段，主要以國外的雙邊援助項目爲主，特別是德國、丹麥、荷蘭和西班牙海外援助機構對發展中國並網的風電功不可沒。以下歷史事件可以記錄這段歷程。

1989 年 10 月，新疆達坂城利用丹麥海外援助資金，安裝了丹麥 Bonus 公司 13 台 150 千瓦失速型風力發電機組和 1 台 Wincon 公司 100 千瓦機組，建成了當時爲亞洲第一、總裝機爲 2050 千瓦的新疆達坂城風電場，第一批 13 台風力發電機組葉輪直徑 23 米，輪轂高 23 米，至今已連續運行 16 年，平均年折算滿發小時約爲 2500 小時，是中國風電場投入商業化運行歷史最長、運行效果最好的機群，也是在中國風力發電機組實際運行壽命的第一批驗證者。更主要的是，這個小小的風電場培養了一批目前活躍在中國風電事業上的精英。

1995～1996 年，德國政府推出了「黃金計劃」，提供設備價格三分之二的贈款援助，支持開發中國家建設風電和其它新能源項目。中國在風電方面共實施了 6 個項目。其中新疆風能公司利用「黃金計劃」的三個項目擴建達坂城風電一場，共接收援款 380 萬美元，引進了 3 個廠家的 8 台大型風力發電機組，裝機容量增加了 4050 千瓦，其中 2 台 Tacke600 千瓦機組 1996 年投運時爲全國單機容量之冠，3 台 Jacke500 千瓦機組項目爲引進澳門投資者的中外合作風電項目。新疆「黃金計劃」項目的實施，不僅擴大了風電場規模，也引進了國外多個廠家的不同技術，經過消化吸收，爲日後的大型風力發電機組國產化研製準備了技術和組織條件。

1997 年以後，中國政府採取了一系列的活動推動了並網風電

的發展。

⊙乘風計劃：為了實現以市場換技術、立足於高起點發展中國風力發電機製造業的目標，原中國國家計委於 1996 年 3 月推出了「乘風計劃」。經過調研、詢標、招投標等程序，選擇了中國西安航空發動機公司與中國一拖集團有限公司，分別會合有關研究所和大學院校組成「國家隊」進行國產風力發電機組的重點攻關計畫。西航公司與德國 Nordex 公司合資成立了西安維德公司，引進了 600 千瓦失速型機組製造技術；一拖集團與西班牙 Made 公司合資成立了洛陽一拖美德公司，引進了 660 千瓦變槳距型風力發電機組製造技術。兩家公司經過幾年努力，完成了產品研製及市場開拓，實現了批量化生產，為促進中國的風力發電機組國產化事業做出了貢獻。其中西安維德公司研製的首台機組於 2000 年 9 月在遼寧營口風電場投入運行，至今已累計銷售投運 49 台，成為國內排行第二的風電銷售製造企業；一拖美德公司研製的首台機組於 2000 年 10 月在營口風電場投入運行，至今已累計銷售投運 8 台。

⊙雙加工程：1997～1998 年，原國家經貿委利用「雙加」技改貸款支持新疆、內蒙古和廣東等地進行了總容量為 9 萬千瓦的大規模風力建設項目。推動了中國並網風電事業的發展。1998 年中國風電的裝機總容量超過了 20 萬千瓦，第一次實現當年完成裝機容量 10 萬千瓦。

⊙國債項目：本世紀初，中國風電設備製造業開始艱難起步。完成了樣機試製的產品能否儘快實現批量化生產、推向市場，成為產業能否生存和發展的

圖 5-3

關鍵。原國家經貿委爲了促進風電設備國產化，組織實施了「國債風電」項目。在 2000 年國家重點技術改造計劃（第四批國債專項資金項目）中安排建設 8 萬千瓦（內蒙古赤峰 3 萬；遼寧營口 1 萬；大連 1 萬；新疆風電一場 3 萬）國產風力發電機組示範風電場項目。規定了必須選用國產機組、五個主要零組件分階段實現全部國內製造、給建設業主提供貸款貼息等技改項目優惠政策支持等要求，督促、鼓勵、推進風

圖 5-4

電場建設業主採用國產設備。至今 8 萬千瓦「國債風電」項目裝機已基本實施完成，這不但加快了全國風電場建設進度，而且中國風電設備製造企業提供了最寶貴的初期市場支持條件，對產業發展產生了重要作用。

　　⊙風電特許權項目：風電特許權項目是國家發展和改革委員會爲了降低風電上網電價、推進大型風電場快速建設的一個新舉措，是在國家提供一定的建設條件和優惠政策的前提下，通過招投標競爭方式選擇風電場建設運營者。

　　每個風電場的運設規模爲 10 萬千瓦。評標的主要條件是上網電價低、機組設備保證一定的本地化製造率（一期要求不低於 50%，二期 70%）和成熟合理的技術經濟實施方案。第一期特許權項目選擇爲廣東惠來石碑山風電場和江蘇如東風電場兩個項目。2003 年 9 月經過招投標競爭，石碑山項目由廣東粵電集團有限公司中標（電價爲 0.501 元／千瓦時）；如東項目由華睿投資集團中標（電價爲 0.436 元／千瓦時）。2004 年 9 月進行了第二期特許權三個項目的招投標，內蒙古輝騰錫勒風電場由北京國際

電力新能源有限公司中標（電價 0.382 元／千瓦時）；江蘇如東二期由中國龍源電力集團與雄亞維爾金有限公司聯合體中標（電價 0.519 元／千瓦時）；吉林通榆項目 20 萬千瓦，由中國龍源電力集團和華能新能源環保控股有限公司同時中標，各建 10 萬千瓦（電價 0.509 元／千瓦時）。特許權項目的順利進展，不但把中國的風電場建設規模擴大到空前的 10 萬千瓦級，而且開創了以市場機制、招投標方式確定風電上網電價的新機制，吸引了一批極具實力的國有大型企業及企業集團參與風電場投資建設，必將對中國風電建設進程產生巨大影響。

　　⊙**技術研究與開發**：國家科技攻關計畫和高技術研究計畫，安排了一系列的風力發電機國產化計畫、十五期間安排了 750 千瓦的失速型機組研製。由浙江機電設計研究院（運達公司）、金風科技股份公司承擔並已取得成果，產品已於 2004 年投入運行，並已取得銷售一百餘台的良好業績。「十五」科技攻關計畫還安排了 600 千瓦風力發電機組工業化生產項目，由金風公司承擔並已經過階段驗收。國家「863 計畫」支持了兆瓦級風力發電機組及其零組件研製。瀋陽工業大學承擔了 1.5 兆瓦變速恆頻風力發電機組研製。金風科技股份公司承擔了 1.2 兆瓦直驅式永磁風力發電機組研製。2005 年 5 月，1.2 兆瓦機組的樣機已經在新疆達坂

圖 5-5

城風電場投入調試運行。這是中國首次開發研製具有自主知識產權的兆瓦級風力發電機組，技術上達到世界先進水準。

⊙產業化支持項目：為了促進我國風能及其它可再生能源技術及相關產業的發展，國家發展和改革委員會組織實施了可再生能源和新能源高技術產業化專項。重點領域之一為風電，支持開展 1.5 兆瓦變速恆頻風力發電機組和 1.2 兆瓦直驅永磁式風力發電機組的產業化。要求通過專項實施，提高技術創新能力，為我國快速建設的風電場供應運行可靠、成本低廉的新型大容量並網發電機組，為產業發展提供技術支撐。目前已有金風科技股份公司、新疆新能源股份公司等單位爭取到專項支持，正在努力開展相關工作。

通過上述一系列的扶持和推動，到 2004 年底，我國已經建成43座風電場，總裝機容量 76.4 萬千瓦，國有、民營和外國企業明顯增強了對並網風電投資的興趣。中國風電商業化的發展初露頭角，具有廣闊的發展前景。

圖 5-6 中國風電場分布圖

表 5.1　2004 年中國風電裝機分布

省份	裝機台數	裝機容量千瓦
內蒙	224	135140
遼寧	202	126460
新疆	224	113050
廣東	177	86390
寧夏	55	55250
甘肅	74	52200
黑龍江	47	36300
河北	66	35050
浙江	69	34450
山東	47	33565
吉林	49	30060
福建	24	12800
海南	19	8755
上海	5	4900
全國	1292	764370

5.3　政策扶特

　　除了以上所述的國家開展的行動和項目外，中國在利用政策扶持風電發展方面進行了有益的探索和嘗試，其中也有曲折，但總體看來，目前對風電有了比較明確的激勵政策和具體的激勵措施。

　　(1)國家把包括風電在內的可再生能源納入國家能源中長期發展戰略和規劃、計劃中；把提高能源效率、適度進口優質能源和大力發展可再生能源作爲中長期能源政策的三個重要基點，爲包括風電在內的可再生能源產業提供了廣闊的市場前景。1996 年原國家計委、國家科委和國家經貿委聯合制定了《2010 年中國新能源和可再生能源發展綱要》，最近國家發展和改革委員會又完成了《可再生能源中長期發展規劃》，在國家各個五年計劃以及原國家計委的「乘風計劃」、原國家經貿委的「雙加工程」和國債項目、國家科技部的「科技攻關計畫」和「863 計畫」中，都包

含直接支持風電研究開發或產業化的內容。在 2004 年的政府規劃目標中，提出了 2010 年風電裝機實現 400 萬千瓦、2020 年實現 2000 萬千瓦的戰略目標。如果國產設備在 2010 年之前的市場份額中占據 30%，在 2005 年就應形成 20 萬千瓦的年生產能力；在 2010 年以後的市場份額中占據 50%，國產風電設備的年生產能力就應該超過 80 萬千瓦。

(2)可再生能源法的頒佈為風電提供了法律和政策保障。2005 年 2 月，《中華人民共和國可再生能源法》頒佈並於 2006 年 1 月 1 日起實施，其中明確規定，可再生能源發電優先上網和電網企業應當為可再生能源上網提供方便，並與發電企業簽訂並網協議和全額收購上網電量。可再生能源發電暫不參與市場競爭，研發電量由電網企業按政府定價或招標價格優先收購，超出部分附加在電力銷售電價中分攤。目前，法律相關配套政策和法規的制定工作正在緊鑼密鼓地開展，可再生能源發電電價和費用分攤管理辦法可望在 2005 年年底前頒布，其中將明確提出風電上網電價的水準或定價原則以及費用分攤的具體操作辦法。這將有力地推動中國風電場開發和建設的發展並帶動整個風電產業的快速發展。

(3)風電設備製造符合國家產業化政策。長期以來，國家在高技術發展計畫和科技攻關計畫中都列入了大型風電設備國產化的重點項目，為實現風電設備的國產化奠定了基礎。在風電的中債項目和特許權招標項目中，都規定了設備國內採購的比例（不得低於 70%），為風電設備的國產化提供了市場保障，在降低中國風電成本上起到積極的作用，為更大規模的風電設備的國產化提供了工業基礎。為了保證國家可再生能源規劃目標的實現，2005 年國家發展和改革委員會又啟動了「可再生能源產業化發展專項」，風電產業和裝備國產化、本地化是其中一個重要領域。

(4)風電被列入國家清潔發展機制項目的優先領域。《京都議定書》的生效，為風電的發展提供了新的融資機會，中國乾淨發展機制項目的優先領域主要是能源效率、可再生能源、礦井瓦斯

和垃圾填埋氣回收利用在內的甲烷減排。目前已經有兩個項目取得政府正式許可，其中之一是內蒙古輝騰錫勒風電項目，另外還有 4 個項目（其中一個為並網風電項目）出具了不反對意見函。預計內蒙古輝騰錫勒風電項目 2006 年開始正式的 CERs 的交易，可望為企業獲得約 270 萬歐元的收益，藉此可大大降低發展風電的風險，提高企業發展風電的積極性。風電項目成功實施乾淨發展機制可在相當程度上減少項目風險，改善項目收益狀況。

(5)提出了關於風電上網的一些具體規定。中國在解決風電上網方面制定了一些具體的政策。原電力部 1994 年關於風電上網的規定中，要求電網管理部門應允許風電場就近上網，並收購全部上網電量，上網電價按發電成本加還本付息、合理利潤的原則確定，高出電網平均電價部分，其價差採取均攤方式，由全網共同負擔。1999 年原國家計委和科技部「關於進一步支持可再生能源發展有關問題的通知」中對這項政策再次加以確認。在可再生能源法中，這一政策被擴展到適用的所有可再生能源領域。此外，國家發展和改革委員會在 2005 年 3 月 28 日印發的「上網電價管理暫行辦法」中規定：風電暫不參與市場競爭，電量由電網企業按政府定價或招標價格優先購買，適時由政府規定供電企業售電量中新能源和可再生能源電量的比例，建立專門的競爭性新能源和可再生能源市場。這一規定消除了電力改革實行競價上網後，不利於風電發展的顧慮。

(6)頒佈一系列的經濟激勵政策。①減免進口稅：海關規定風力發電機組整機進口稅率，在 2004 年稅則調整為 8%，零組件為 3%。國家將風電列入了重點鼓勵發展的產業目錄，規定進口自用設備可以免征關稅和進口環節增值稅。②減少售電增值稅：財政部、國家稅務總局以財稅[2001]198 號文發布了「關於部分資源綜合利用及其它產品增值稅政策問題的通知」，規定自 2001 年起，對利用風力生產的電力實行按增值稅應納稅額減半徵收，部分解決了風電界呼籲多年的增值稅賦過重的問題。

(7)制定了技術標準及規程規範。在國家質量監督檢驗檢疫總局、國家標準化管理委員會、國家發改委、科技部的重視與支持下，經國家標準化管理委員會批准成立的全國風力機械標準化技術委員會在中國的風電產業標準制定方面做了大量工作，經過長期努力，現在中國已經公布了風電行業技術標準及規程規範十多個，其中國標 8 個：《電工術語風力發電機組》、《風力發電機組形式與基本參數》、《小型風力發電機組技術條件》、《小型風力發電機組結構安全要求》、《小型風力發電機組安全要求》、《風力發電機組安全要求》、《風電場風能資源測量方法》、《風電場風能資源評估方法》；部門標準 6 個：《風電場運行規程》、《風電場安全規程》、《風電場檢修規程》、《風電場項目可行性研究報告編制規程》、《風電場項目建設工程驗收規範》、《風電設備可靠性評價規程（試行）》；另有一些尚在擬定或報批中。中國船級社承擔國家 863 計畫課題，組織編寫了《風力發電機組規範》，是中國第一份指導風電設備設計評估、檢測和認證的依據。

(8)地方制定了鼓勵風電的激勵政策。在國家法令政策的引導下，吉林、廣東、雲南、山東、河北、黑龍江、安徽、甘肅、湖北等省區也制定公佈了鼓勵風電等新能源、可再生能源和農村能源發展的政策文件。目前，中國已公佈鼓勵風電產業發展政策的省份主要有廣東、吉林等。

廣東省的主要政策包括：風電場建設用地，原則上按每台風力發電機組基礎占地面積徵地，屬於風電場建設臨時用地及附屬設施用地，按實際情況核定。凡按照固定資產投資項目建設程序審批的從事利用可再生能源並網發電企業繳納的所得稅，在省有關部門核定的還貸期內，全部返還企業。風電應嚴格控制工程造價，現階段控制在 8000 元／千瓦以內（含送出工程）。風電設備要儘可能採用單機容量大的國產設備，設備國產化率要求達到 40% 以上。資本金回報率不得高於 10%，折舊按 15 年、還貸年

限按 15 年計算。除國家風電特許權示範項目仍按中標電價執行外，廣東省今後新投產的風電項目，從該項目正式投入商業運行之日起，其上網電價按 0.528 元／千瓦時（含稅）的標準執行。該上網電價不包括風電場配套送出工程的各項費用。配套送出工程由風電項目業主建設的，經審核後，可在上網電價的基礎上加配套送出工程的還本付息費用。配套送出工程還本付息費用和運行費用的具體標準由當地物價局審核後報省物價局審批。

吉林省對風電實行還本付息電價政策；在可能的條件下給予部分貼息；風電企業依法繳納所得稅，並在一定時期內由同級財政部門以列支返還的方法給予照顧；風電投產後的銷售收入暫按 6%徵收增值稅；風電用地按每台風力發電機組實際占用面積徵收耕地占用稅；土地徵用可規劃一個土地區域，按規定辦理用地審批手續，以劃撥方式提供建設用地等。

此外，新疆、內蒙古等也有一些激勵的政策，如對風電項目建設永久性占地的面積，按不同功能分區並規定了不同的計算方法。

陸 我們自己的故事

圖 6-1

　　正像國外有美國、丹麥、德國、西班牙和印度在風電的發展中講述著自己的故事。中國的 76.4 萬千瓦，也有一些鮮為人知的事情⋯⋯

6.1　內蒙古

　　位於中國北部的內蒙古自治區，擁有廣闊的大草原，到處可見藍天白雲和成群的牛羊。但是由於遊牧和居住分散，電網無法到達，許多家庭過去生活在無電的原始狀態下。20 世紀 70 年代開始嘗試利用這裡豐富的風能資源。80 年代的大量小型戶用風力發電機組的推廣應用，解決了大多農牧民家庭的用電問題，使他們的生活方式發生了質的變化，使用了電燈，使用了電視，還有各式各樣的家用電器，使他們過上了現代生活，嘗到了利用風能的好處。

　　但內蒙古人民沒有止步於此，他們看到了利用風電的潛力，要向風能要生產力，要發展風能產業。1990 年，由當時的自治區

電業局投資發起，從美國引進並在朱日和大草原上安裝了 5 台美國順風公司的 100 千瓦並網型風力發電機組，1992 年又引進同樣機組 6 台，共 11 台，總裝機 1100 千瓦，建成一個小小的風電場，開始了聯網風電場建設和運營試驗，並獲得了成功。

在聯網風電場試驗取得初步經驗的基礎上，1993 年內蒙古電業局與當時的國家能源部新成立的中國福霖風能開發公司合作，成立了內蒙古福霖風能開發有限公司。該公司投入資金，於 1994 年從丹麥引進了 10 台 Bonus 120 千瓦風力發電機組和 15 台 Nordtank 300 千瓦風力發電機組。這些機組與原來的 11 台機組一起，共 36 台，組成了一個總裝機達到 6800 千瓦的風電場。自治區物價局批復了風電上網電價。風電場以商業化運作的形式建成，稱爲內蒙古朱日和－商都風電場。內蒙古風電事業從此走出風電場試驗階段，不僅僅發展小型戶用風力發電機組，而且也進入了聯網風電商業化開發階段。該風電場建成 11 年來的商業化運營表明，聯網風電是成功的，不僅有巨大的社會效益和環保效益，而且有相當的經濟效益。風力資源的調查研究又表明，在內蒙古廣闊的大草原上，風能資源十分豐富，有著巨大的風能開發的資源條件和潛力。

圖 6-2

內蒙古風能開發商業價值的大發現刺激和吸引了投資者。

近年來許多風電場投資開發商紛至沓來，風電場建設在內蒙古草原上如火如荼的開展起來。除朱日和、商都外，在輝騰錫勒、錫林格勒等處的大草原上又建設了幾個大型風電場。迄今為止，在內蒙古已建成風電場5處，總裝機達到 13.5 萬千瓦，每年可利用風能發出 3 億多千瓦時的風電電量送入電網。同時還有更多的地方在進行風電場規劃和風力資源調查觀測，準備建設更大的風電場，讓風能更多、更好地服務人民。聯網風電場的開發建設更提高了人們對風能利用的認識，普及了風能知識，進一步推動了戶用小型風力發電機組的推廣應用，使其近年來穩步發展，目前保有量已達到 17 萬台，解決了邊遠和遊牧地區 17 萬多個農牧民家庭的生活用電問題，使他們的經濟活動和文化社會生活發生了很大變化，跟上了現代化步伐。

現在到內蒙古，大草原上到處可以見到風力發電機組在運行，有大型的，也有小型的；有並網型的，也有離網型的。夜幕降臨，大草原上乾淨無污染的風電點起萬家燈火，繁星似錦，人民生活節節提高，這裡面都有風電的功勞。同時，風電成為當地發展旅遊業、地方特色工業的支撐，風電的發展有力地促進了當

圖 6-3

圖 6-4

地經濟、文化和社會的發展。可以預見，隨著內蒙古風能的進一步開發利用，在將來風電必然會做出更大的貢獻。

6.2 新疆

　　新疆天山南北的戈壁灘，歷來多風。過去，風刮起來，飛沙走石，為害一方。如今，戈壁灘上的風能利用開始造福社會。新疆從西北到東南依次分市有九大風區，總面積約在 15 萬平方公里，年風能蘊藏量約 8000 億千瓦時，可裝機儲量約在 2000 萬千瓦以上，這是一個巨大的數字。有關方面早就意識到，如將這些風能開發出來，可以帶來巨大的社會和經濟效益，當地風能的開發受到國家和自治區政府的極大關注。

　　早在 1985 年，應歐洲風能協會邀請，原國家水電部、新疆維吾爾自治區政府就組團前往歐洲考察風電，拉開新疆進行大型風力發電機組生產運行方式的序幕。從 1986 年開始，陸續引進丹麥 30 千瓦、100 千瓦並網運行機組和 20 千瓦、55 千瓦獨立運行機組在達坂城的戈壁灘上進行風電試驗，取得了成功。實驗證明，新疆達坂城風場風力強勁，破壞風況少，是非常優良的風

場，是中國不可多得的最具開發經濟潛質的風場之一，從而受到國內外有關方面的高度關注。

隨後開展的中國和丹麥政府的雙邊風電合作極大支持和推動了新疆達坂城風電場的開發。1988 年國內配套 670 萬元，成功地利用了丹麥政府金額贈款約 2000 萬丹麥克朗，引進 13 台 150 千瓦的並網風力發電機組，於 1989 年由新疆風能公司建設了國內當時最大的風電場——達坂城風電一廠，總裝機為 2.05 兆瓦，在中國西北的大戈壁上實現了風電規模化生產。新疆人民再接再厲，兩國政府繼續大力支持。1991 年，利用丹麥政府贈款 462 萬美元、中國國內貸款 1950 萬元，再次引進了丹麥 300 千瓦風力機 8 台建成了 2400 瓦凡電場，1992 年 11 月全部並網問發電。所有這些項目的成功，當時在中國引起了極大的影響，鼓舞和推動了全國的風電開發工作。

此後，風電的建設與發展實現了快速增長。1994 又通過利用丹麥政府無息貸款 495 萬美元，中國國內配套 830 萬元建設 5000 千瓦的風電場；1995 年為了繼續利用外資，再次申請 495 萬美元的丹麥政府貸款。在此期間，共申請辦理三期丹麥政府貸款，二期荷蘭政府貸款項目。同時獲得了國家「雙加工程」的支持使其得到大規模發展。風電項目的不斷實施使新疆風電的開發創造了多項全國第一，目前風電總裝機為 11.3 萬千瓦，仍然走在全國前列。如今的達坂城，早已改變了模樣。在過去一望無際的戈壁草原上，再也看不到過去那種風沙肆掠的荒涼的景象，取而代之的是成片的風力發電機組一排排、一行行，一直綿延到遠方。這裡是一個世界風力發電機組的博物館，世界上各地生產的大大小小、各種各樣型號的風力發電機組，從 30 千瓦機組到 1500 千瓦機組，都在這裡運行。這裡又是一個試驗基地，新方法、新技術、新機組、新零組件，都可以在這裡進行試驗。中國風力發電機組製造業的佼佼者金風科技公司，也在這裡誕生、成長和發展。中外政府風電合作的不斷努力創造出豐碩成果。

圖 6-5

　　為了進一步利用區內的風能資源，新疆最近完成了風電發展的 20 年規劃，提出在達坂城戈壁風區建設 5 個風電場，規劃總裝機達到 100 萬千瓦。新疆其他風區的風能開發建設規劃也在陸續提出。新疆的風能開發業越來越受到國內外投資者的重視。可以預見，隨著電網問題和國家政策等一系列風電開發的瓶頸問題的解決，新疆風電必有更加廣闊的發展前景。

6.3　廣東

　　說起廣東省的風電開發，不能不說南澳島。南澳島地處廣東境內台灣海峽喇叭口西南端閩粵交界附近近海面上，連同其周圍諸小島，同屬於廣東省一個島縣。由於台灣海峽的「喉管」效應和迎風地形突起受到的動力抬升作用，氣流在此得到加強，風多風大使南澳島具有十分豐富的風力資源，故南澳縣素有「風縣」之稱。該島風力強勁，風向較穩定，冬春盛風季節持續刮東北風，夏季主要是西南風。這在中國國內均屬一等的好風場，亟待開發。

南澳島面積 106 平方公里，居民 6 萬餘人，主要是山區，耕地不足 1 萬畝，農業不發達，林業資源也十分有限，且近年來由於過度捕撈，漁業也日漸衰竭。島上沒有油、氣和煤炭資源，過去島上用電靠柴油發電，電價昂貴，工業難以發展。在其他資源日漸枯竭，經濟增長難以持續的時候，南澳人發現了當地得天獨厚、取之不盡、用之不竭的風能資源。通過調查分析和嘗試，南澳縣政府調整了自己的發展戰略，自 1986 年起就把開發海島風能列為海島建設的一大工程，並於 1986 年底組建了「南澳風能開發指揮部」，風能開發就此開展起來。

近二十年來，南澳風電從無到有，從小到大，開發建設了 9 期，共 9 個項目。具有充滿艱苦奮鬥和穩步發展的歷程：風電首期工程，1989 年，在大王山，引進瑞典 3 台機組，共裝機 390 千瓦；第二期工程，1991 年，在松嶺山，引進丹麥 3 台 130 千瓦風力機，裝機也是 390 千瓦；第三期工程，1992 年，在松嶺山引進丹麥 6 台 150 千瓦風力機，裝機 900 千瓦；第四期工程，與中國福霖風能開發公司和汕頭電力局合作，1994 年 10 月在竹笠山，引進丹麥 15 台 200 千瓦風力機，裝機 3000 千瓦。這是南澳的第一個公司化商業性運營項目，這個項目，實現了管塔首次國內生產，結束了中國管塔在過去一直靠進口的歷史。

1995 年以後，南澳縣風能開發總公司利用丹麥政府混合貸款，又開發建設了風電第五期工程。在牛頭嶺，引進 16 台 250 千瓦風力機，總裝機 4000 千瓦；香港德華實業有限公司也於 1997 年引進丹麥 13 台 250 千瓦風力機，在南澳縣大王山建成風電場，稱為商澳第六期工程。

南澳風能開發從此名聲大噪，從1997 年開始，南澳島的風電事業，進入了更大規模的開發時期，先後建成三個大型項目：1996 年成立的汕頭南方風能公司利用美國政府無息貸款於 1998 年購進 10 台 550 千瓦風力機，在果老山建成風電場，總裝機 5500 千瓦；與此同時，由汕頭南方風能開發公司與荷蘭 Nuon 公

司合作投資建設的中國國內最大中外合作項目。汕頭丹南 24 兆瓦風電場，也於 1998 年 7 月在果老山投產發電，該項目開創了中外合作在中國建設風電場的先河，是目前爲止建成的唯一一個合資風電場。繼此之後，由華能公司與汕頭電力公司、南澳縣風能公司合作建設的 14.5 兆瓦風電場也於 2000 年 8 月建成投產。

南澳風電經過九期工程，已裝風力發電機組 130 台，總裝機功率 5.7 萬千瓦。作爲一個海島，南澳一步一步克服了其交通不便、地形複雜、微觀選址較爲困難以及地處偏遠，社會、經濟、文化方面較爲落後的不利因素和實際困難，取得了令人矚目的成績，成爲國內外有關人士關注的目標，也是許多想建風電場而缺乏經驗的地區和人民學習的榜樣。廣東風電陸續建成的幾個項目和目前正在建設的石碑山國家風電特許權 10 萬千瓦項目，無不從中取得經驗，獲益匪淺。

同時，南澳風電的成功也吸引了多個企業上島投資，帶動了當地經濟的進一步發展。風能產業開發已成爲當地新的、經濟支柱，是該縣財政收入的主要來源之一。風力電力完全滿足了島上人民生活和經濟發展所需的電力需求。除此之外，大都分多餘風電通過海底電纜源源不斷輸送給中國南方電網，爲廣東的經濟發展作出了一定貢獻。

南澳縣政府把發展風電作爲經濟發展的重要產業和財政收入，提出「十五」期間投產風電 20 萬千瓦容量的計劃。現在南澳正在規劃海島最大的風電項目——東島 10 萬千瓦風電場，現已完成大部分前期工作，不久就可開工建設。規模爲 2 萬千瓦的海上風電場項目也將在南澳建設，目前項目已獲得廣東省政府的批准，不久將會建成。

6.4 遼寧

遼寧省是中國的重工業基地，也是能源消耗大省，電力供應以燃煤爲主，大量燃煤引起了環保問題。爲改善環境，調整能

源結構,增加電力供
應,開發遼寧省豐富
的風能資源自然是一
項重要措施。

遼寧省風電的發
展在全國來說,起步
晚,始於 1993 年。省
內第一個風電場是大
連東港風電場,起步
時不過 4 台 300 千瓦
機,總裝機不過 1200
千瓦。但遼寧風電的
開發一開始就受到省
政府的高度重視,先
行的風電開發鼓勵政
策是遼寧省發展風電
的一大特點。幾年的

圖 6-6

運行試驗證明了風電開發的價值,遼寧省下決心開發風電。1998
年 12 月,省七部門聯合下發了「關於印發遼寧省風電有關扶持政
策的通知」。文件規定,電網管理部門應允許風電場就近上網,
並收購金部電量;風電工程項目應實行還本付息電價政策,其電
價納入省綜合電價中;風電企業繳納所得稅,三年內先徵收後退
還;風電場用地按工程實際占用地面積徵收占用稅等。該文件提
出了一整套相對完整的風電開發優惠政策,它的公佈以及遼寧省
發展和改革委員會對成熟的風電工程項日積極組織審查和審批,
對遼寧省風電場建設產生了重要推動作用,為風電的穩步發展奠
定了基礎。

氣象局與電力公司通力合作是遼寧省風電開發的另一個特
點。在完成遼寧風能區劃的基礎上,每年在省內選擇 2～3 個風電

場進行風能資源實測。目前全省已有 30 多個預選風電場具有 2 年以上測風數據，為開發風電提供了更多選擇。電力公司為開發遼寧風電制定了長期規劃，根據規劃逐年進行實施，有力地推動遼寧省風電發展。遼寧省氣象局密切配合了遼寧省電力公司開展風電場選址與風能資源測試，自 1989 年以來從未間斷。

遼寧省風電開發的第三個特點是省電力公司及其所屬的企業、市級電力公司等是遼寧風電建設的主力軍，目前建成的 11 個風電場大多都是電力部門獨資或控股投資建設。由於受經驗、技術和資金的制約，遼寧省每個風電場目前的建設規模都不大，兩個相對較大的東港風電場（2.245 萬千瓦）、仙人島風電場（3.166 萬千瓦），都是經過四期建設 6～10 年期間才達到現在的規模。每年擴建的規模不大，2 年左右擴建一次是 2004 幾年以前風電場建設的一個特點。遼寧風電通過小步走、不停步的方式，經過 14 年的發展，至 2004 年底全省已有 11 個風電場建成發電，安裝風力發電機組 202 台，裝機容量 12.646 萬千瓦。迄今為止，遼寧風電已實現了後來居上的目標，風電場個數全國第一，風電裝機總容量一度達到了全國第一的好成績，目前仍為全國第二。遼寧這個中國傳統的老工業基地煥發了青春，用上了乾淨可再生的新型能源，意義重大。

新的發展帶來新的契機，在遼寧，目前除省內傳統的電力企業加大力度投資風電外，一些上市公司、民營企業和外省的企業和財團也開始積極投資遼寧風電建設，遼寧風電開發面臨投資多元化的大好局面。全省目前有近 10 個風電場新建和擴建項目正在積極籌備之中，計劃建設規模也比以前明顯加大。可以預期，遼寧風電將會有一個更快的發展。

6.5　丹南風電

當人們登上被譽為海島風電明珠的南澳島時，面對躍人眼簾的那一排排聳立在山巔壯觀的風車陣無不為之驚嘆，其中最為引

人注目的莫過於塔身上噴刷「汕頭東丹南風電場歡迎您」字樣的 40 台 600 千瓦風力發電機組。這就是當年曾轟動國內外風電界的中國首個以交鑰匙形式建造、外方全部以貨幣出資，由荷蘭努安能源公司和汕頭南方風能公司合作投資 3000 萬美金興建的丹南風電 24 兆瓦中外合作風電項目。

荷蘭歷來重視風能的開發利用，也關心中國

圖 6-7

風能開發事業。早在 20 世紀 80 年代，荷蘭的專家就曾登上南澳島考察風力資源情況。南澳由於其特殊的地理條件，風力資源十分豐富，居世界最佳之列，極具開發價值，吸引著荷蘭專家和許多中外投資者，為有志於開發利用新能源的投資建設者提供了廣闊舞台。南澳島風電事業在中國各級政府的重視和政策扶持下，在各個投資實體的努力下，經歷了兩個「五年計劃」的發展，已初具規模，成為亞洲最大的海島風電場，也是國內三大風電場之一。荷蘭努安能源公司在荷蘭國內外已開發有多個可再生能源項目，具有豐富的投資和管理經驗，他們以其特有的眼光，看準了中國風電事業的良機，果斷決策，勇敢地進入中國風電市場並一舉獲得成功。

該項目於 1997 年 10 月動工，1998 年 6 月 1 日投產，歷時僅 8 個月，其快速的建設速度、高效率的運作、商質的管理水準引起中外風電界專家的矚目。該風電場選點在南澳風力資源最為豐富的果老山頂部，發電效率極高，曾經有一台機組有一年發電

等效小時數超過 4000，這個紀錄至今沒有被打破。風電場到 2004 年底爲止，已累計發電 3.7 億千瓦時，創值 2 億 3 千多萬元，向當地政府交納稅收 3000 多萬元，成爲南澳縣的第一納稅大戶，爲地方經濟的發展、環境保護作出了應有貢獻，並爲中國探索建設海島風電場積累了先進技術和經驗。荷蘭努安能源公司也從項目投資中獲得了豐富的回報。

目前，在各級政府部門近年來所公佈的有關新能源優惠政策的鼓勵下，爲配合實施廣東省「十五」期間風電發展計畫。進一步開發利用南澳島豐富的風力資源，充分發揮丹南公司現有的雄厚經濟和技術力量，提高規模投資效益，根據目前電網接入的條件、風電場用地情況及資金來源的可能性，努安公司提出在首期投資 24 兆瓦風電場的基礎上。再增加投資 2500 萬美元（人民幣近 2 億元），在南澳島繼續興建二期 26 兆瓦風電場，使丹南風電場裝機容量擴大爲 50 兆瓦，形成更大的經濟規模，爭取更好的社會經濟效益。

丹南公司繼續開發 26 兆瓦風電擴容項目的意願，符合中國和廣東省政府提出的能源和可再生能源發展政策，將作爲實施完成廣東「十五」30 萬千瓦風電建設計畫的一部分，已列爲優先支持的重要項目，得到了當地政府的大力支持。當地政府將爲之提供諸多方便和優厚的政策條件，推動其儘快完成。

除此之外，丹南公司還有意向大陸發展，在中國其他地方開發風電項目，開發汕頭達濠風電場計畫已逐步成熟，其他地方的項目也在醞釀中。

荷蘭努安公司在中國開發風電的成功，使許多外商初外資看到希望，紛紛到中國尋找機會，並取得了積極的進展。德國英華威（Infrest）公司已在中國進行了多年工作，並進行了多個地方的測風，取得了建設青島風電場等一些成績。西班牙的 EHN 公司、日本的三菱重工等公司也都有意投資中國風電，他們都於 2003 年參與中國風電特許權項目的開發投標，進行了有益的嘗試。

　　隨著中國的改革開放政策的進一步深入，中國在世界貿易組織框架下市場進一步開放，規則進一步完善，相信必將有更多的外國投資者來參與中國的風電開發。

6.6　龍源

　　龍源電力集團公司成立於 1993 年，是國有的高新技術產業公司，其前身爲由原國家能源部投資組建的龍源電力、福霖風能和中能科技公司。1999 年三個公司合併重組，形成現在的龍源電力集團公司。

　　作爲一個以風能開發爲主業的公司，龍源電力集團公司成立以來致力於中國風電開發，它伴隨著中國風電產業的啓動、發展而成長壯大，在國家的引導和支持下，始終從事中國風電開發事業。經過多年發展，如今已初具規模。

　　截止 2004 年底，龍源已發展 8 個全資及控股風電公司、6 家參股風電公司，並已在全國各地，如新疆達坂城、甘肅玉門、遼寧丹東、浙江臨海和蒼南、福建平潭東山、廣東南澳、內蒙古輝騰錫勒、朱日和及商都和錫林浩特、河北張家口等地投資和參與投資建設了 22 個風電場項目，總裝機容量 331 兆瓦，占到全國風電總裝機容量的 43.3%。

　　2005 年，龍源公司在建項目 4 個，總裝機容量 7.655 萬千瓦；新開工項目 9 個，總裝機容量 43.3 萬千瓦。2006 年，龍源計劃開工 5 個項目，總裝機容量 30 萬千瓦。

　　與此同時，龍源通過項目的開發和運營管理，培養和鍛煉了

圖 6-8

71

一支懂技術、會管理的風電項目開發、工程建設和經營管理隊伍；加大了風電項目前期工作的力度。龍源公司已在內蒙古、甘肅、新疆、黑龍江、遼寧、吉林、江蘇、湖北、河北、浙江、廣東、海南等 12 省區進行了風電前期測風工作。通過風場的選址、風資源調查與評價工作，已有 20 個風力資源豐富且其它綜合條件優良的儲備項目，總裝機規模可達 200 萬千瓦以上，可保證今後一段時間的持續開發建設。在風電人員培訓、科技研發、共同投資、銀行融資、實施政府間合作等方面廣泛開展了國際合作。這些都保證了龍源的風電開發事業保持較好的發展趨勢。

風電設備的製造商

圖 7-1

　　通常能源是不能創造的，人們只能製造機器去開發能源。龐大的綜採設備把地下的煤炭、海上鑽井平台把埋藏在海底的石油和天然氣源源不斷地開採出來。我們崇拜那些發明、製造這些機器的人們，我們更感謝那些發明和製造風力發電機的人們，他們雖然不能創造能源，但是他們創造的機器，給人類製造著能源。風力發電機技術的研製，我們幾乎與世界同時起步，然而，20 多年過去了，荷蘭、丹麥、德國、美國、西班牙，還有印度都成了我們學習的對象。

7.1　歐洲製造業先行者

　　國外真正有現代工業意義的風力發電機組製造業起源於 20 世紀 70 年代末。當時風力發電機組製造業主要有丹麥的以傳統技術為代表的三槳葉、定槳距失速調節和異步發電機的歐洲風力發電機組，美國的以波音公司的技術為代表的二槳葉、變槳距調節和同步發電機的風力發電機組。在美國聯邦政府的優惠政策的支持下，80 年代初，美國的風電市場得到飛速的發展。但由於丹麥型風力發電機組安全、可靠，被市場所接受，而美國型的風力發電機組安全性差，而被市場所淘汰。當時丹麥的風力發電機組的製造商主要由一些農機企業轉化而來。如 Vestas 原來提製造拖

拉機犁鏵的企業，Bonus 是一個製造噴灌設備的企業，Nordtank
是一個製造油罐、水罐的企業。雖然他們製造的風力發電機組笨
重，但安全、可靠。80 年代中期，這些企業年銷售額大約在 1000
萬美元以下，年生產不到 100 台 100 千瓦量級的風力發電機組。
經過約 20 年的發展，這些企業已發展成跨國大企業，如 Vestas 已
發展成爲年銷售 60 億～70 億歐元，年生產約 100 萬千瓦風力發
電機組的跨國企業。德國風電設備的製造比丹麥起步稍晚，但是
依賴其龐大的工業體系和獨特的創造能力，產生了一個又一個大
大小小的製造明星。

　　風力發電機組製造業發展的另一個典型是西班牙。20 世紀
90 年代中期，在西班牙政府的支持下，西班牙風電市場得以發
展。在西班牙的大企業 Gamesa、EHN 等公司利用與丹麥公司合
作的機會，切入風力發電機組製造行業。向丹麥人學習製造風力
發電機，現在 Gamesa 不僅已成爲世界前五位的風力發電機組的
製造商，還在技術上有所發展，成爲 Vestas 在全球市場上的有力
競爭對手。

　　風力發電機組製造業發展的第三個典型是印度。20 世紀 90
年代中，在印度政府的政策支持下，印度的風電產業得到飛速發
展。各個歐洲公司紛紛到印度建立合資企業。這些企業又帶動了
印度的零組件製造廠商的發展。在市場的拉動及零組件製造基礎
的帶動下，印度的風力發電機組製造業得以脫穎而出。如 Suzlon
已於 2004 年躋身於世界風力發電機組製造商十強。

　　Vestas、Bonus 和 Enercon 們是做出來的；Gamesa、EHN 和
Suzlon 是從丹麥人那裡學來的；GE、西門子是買回來的，他們都
是風電設備製造的大廠。我們的路怎麼走？

7.2　中國風機製造業

　　中國對現代風力發電機技術的開發利用起源於 20 世紀 70 年
代初。經過初期發展、單機分散研製、示範應用、重點攻關、實

用推廣、系列化和標準化幾個階段的發展、無論在科學研究、設計製造還是試驗、示範、應用推廣等方面均有了長足的進步和很大的提高，並取得了明顯的經濟效益和社會效益，爲中國進一步開發利用風電積累了經驗、打下了良好的物質基礎和技術基礎。同時，也鍛煉培養了一批素質良好的行業技術隊伍。

7.2.1　整機製造

中國自 1958 年「大躍進」時開始風力發電機的開發，在吉林長白山安裝了第一台 30 千瓦風力發電機，在浙江省舟山由當地漁民開發了 10 千瓦風力發電機。這些機組都因缺乏科學方法而中途夭折。

自 20 世紀70 年代第二次世界石油危機以來，中國許多大學、科研院所和生產廠商嘗試在中國開發並網型風力發電機組。浙江機電院和上海電力院等單位於 70 年代末開發了中國第一台現代工業概念的 18 千瓦風力發電機組。

隨後中國各單位又先後開發了 20 千瓦、30 千瓦、40 千瓦和 50 千瓦的風力發電機樣機。這些機組的主要特點爲：3 槳葉、退役直升機槳葉、變槳距調節、同步或異步發電機、繼電控制。18 千瓦風力發電機組於 1979 年投入運行，前後共運行 10 年之久，運行時間約 5 萬小時，發電約 20 萬度。1990 年中國又在 18 千瓦的技術基礎上，製造了 5 台 30 千瓦風力發電機，這 5 台 30 千瓦風力發電機組成中國第一個國產化的風電場。從 1990 年運行至 2000 年，安全運行 9 年，發電量約 80 萬度。

1983 年，中國引進了 3 台 55 千瓦 Vestas 風力發電機，從此中國打開國門，吸引了許多已開發國家的技術人員來中國考察訪問，同時大量中國技術人員赴已開發國家學習、考察國際先進風電技術。通過技術交流與合作、中國於 90 年代先後開發成功了 55 千瓦、120 千瓦、200 千瓦和 300 千瓦風力發電機組。這些機組基本上是三槳葉、定槳距失速調節、玻璃鋼槳葉、微機控制。

這裡有引進國外技術，中外合資及在國外先進技術的基礎上消化吸收、自主開發等各種方式進行技術開發。值得欣慰的是在國家科技部的支持下中國自行開發成功 200 千瓦風力發電機組，其國產化率達 90% 以上，並擁有完全的智慧財產權。本世紀初開始，新疆金風 600 千瓦浙江運達 250 千瓦風力發電機大批量進人市場。新疆金風、浙江運達750千瓦開發成功並投入市場。2004 年國產風力發電機占當年累計總裝機比例爲 18%，達 48500 千瓦。

中國現在具備整機技術開發能力的單位的七家，其技術開發能力及其風力發電機運行概況如下表所示，他們在製造、在學、在買。相信 5～10 年之後，Vestas、Bonus、Enercon、Gamesa、EHN、Suzlon、GE 和西門子做到的它們也都能做到。同時，他們都到中國來了，師傅到了家門口，嚴師能不出高徒嗎？

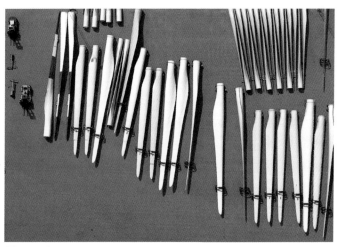

圖 7-2

表 7.1　中國風力發電機整機開發單位情況

單位名稱	新疆金風科技
開發能力	1997 年引進德國 Jacobs 600 千瓦風力發電機技術，現已生產 100 餘台，2003 年開發成功 750 千瓦風力發電機，2004 年投入市場
機組情況	600 千瓦已完成國產化，750 千瓦已有 60% 國產化
單位名稱	浙江運達風電力工程有限公司
開發能力	曾開發成功 18 千瓦，20 千瓦，30 千瓦，40 千瓦風力發電機，與丹麥 Bonus 合作生產 120 千瓦風力發電機，獨立開發成功 200 千瓦，250 千瓦風力發電機，200 千瓦及 250 千瓦機組 90% 以上採用國產零組件，擁有完全自主智慧財產權，2003 年開發成功 750 千瓦風力發電機，2004 年投入市場
機組情況	5 台 30 千瓦，風力發電機從 1990 年投入運行至今，10 台 120 千瓦風力發電機從 1996 年投入運行至今，200 千瓦風力發電機從 1996 年開始先後投入，至今已有 30 餘台投入運行
單位名稱	瀋陽工業大學
開發能力	1985～1990 年開發 75 千瓦風力發電機，1990 年後參加東北電管局 200 千瓦風力發電機控制系統開發工作，現正在開發 1 兆瓦風力發電機組
機組情況	75 千瓦機組在丹東運行多年，200 千瓦機組自 1997 年 4 月投入運行
單位名稱	萬電公司
開發能力	1997 年從奧地利引進 600 千瓦風力發電機技術，已生產 6 台
機組情況	2 台安裝在輝騰，4 台安裝在錫林
單位名稱	上海藍天
開發能力	1997 年根據丹麥 Nordtank 300 千瓦樣機與技術，開發生產了 2 台 300 千瓦風力發電機除制與液壓為進口外，其餘零組件均為國產
機組情況	1998 年 3 月安裝在南澳運行至今
單位名稱	大連重工
開發能力	2004 年底與德國 Furlander 簽定 1.5 兆瓦風力發電機組生產許可證契約，開始風力組的開發
機組情況	正在進行開發，生產
單位名稱	東方汽輪
開發能力	2004 年底與德國 REPower 簽定 1.5 兆瓦風力發電機組生產許可證契約，開始風力發電機組的開發
機組情況	正在進行開發，生產
單位名稱	保定 550
開發能力	2004 年底與德 Furlander 簽定 1 兆瓦風力發電機組生產許可證契約，開始風力發電機組的開發
機組情況	正在進行開發，生產
單位名稱	中國火箭運載發射院
開發能力	2005 年 6 月與西班牙ENH簽定合資契約
機組情況	正在進行合資企業的組建工作
單位名稱	西安維德
開發能力	1999 年與 Nordex 簽定合資契約，先後生產過數十台 600 千瓦風力發電機組，但國產化程度不高
機組情況	安裝在遼寧營　等風電場

7.2.2 葉片

通過 200 千瓦風力發電機的攻關研製，解決了 10 米長的失速型槳葉的失速負荷計算，性能計算，結構設計及製造方法。尤其是首次解決氣動煞車小葉片的設計製造問題。在 200 千瓦槳葉設計製造的基礎上，上海玻璃鋼所又研製成功 300 千瓦的 14 米槳葉，現在中國已完成 600 千瓦 19 米長槳葉的研製工作。保定惠騰已批量生產 19 米槳葉，至今已生產約 200 副。保定惠騰還開發成功 23.4 米槳葉，已用到國產 750 千瓦風力發電機中，性能良好。國內生產的槳葉在批量生產之前，都進行過 5×10^6 次的動載試驗。丹麥 LM 天津公司已批量生產 23.4 米槳葉，分別在國內項目中使用及出口。

目前中國已具備兆瓦以下槳葉的技術開發能力（氣動外型設計、結構設計、製造技術及原材料配套），初步具備兆瓦級槳葉的技術開發能力。

7.2.3 控制系統

浙江機電院在 200 千瓦風力發電機中自主開發成功基於 P-D 現場總線的先進控制系統。該系統主要優點為：①各種控制功能由分離模塊來執行，模塊之間的通信由雙絞線組成的總線來實現，這不僅可減少塔上塔下通信電纜的數量，而且可減少對通信電纜的干擾；②各模塊間相對獨立，當一個模塊發生故障時，不會影響其他模塊的正常使用，提高控制系統的可靠性；③抗過載能力強、能在惡劣環境中工作。同時還開發成功中文平台的中央控制軟體和通過電話線通信的通信軟體。通過以上的工作使中國完全掌握了定槳距調節的大型風力發電機（包括 600 千瓦、750 千瓦等）的控制系統的設計與製造。

新疆金風開發成功基於工控機和 PLC 的 600 千瓦風力發電機組的控制器並已批量生產。

中科院電工所開發成功基於 PLC 的 600 千瓦風力發電機組的

控制器並已批量生產。

中國已掌握定槳距風力發電機組控制器的設計生產技術，但對變槳距風力發電機組和變速恆頻控制器的設計生產技術尚在技術開發階段，尤其是基於 IGBT 的變頻技術，尚需引進、消化、吸收及自主創新。

7.2.4　發電機

中國現有發電機製造廠已完全有能力開發高效、高可靠性，雙速雙繞組的風力發電機。如上海電機廠已開發成功 250 千瓦、600 千瓦發電機，湘潭電機廠已開發成功 300 千瓦發電機、蘭州發電機廠開發成功 300 千瓦、600 千瓦發電機，杭州發電設備廠開發成功 200 千瓦發電機。山西永濟電機廠已批量生產 600 千瓦發電機及 750 千瓦發電機。這些機組解決了發電機的高效、絕緣、溫升、低噪音等技術困境，性能良好，滿足風力發電機組的要求。現在各電機製造公司正在開發兆瓦級（包括雙饋發電機）發電機。

7.2.5　齒輪箱

風力發電機對齒輪箱的要求比較高，一般齒輪箱很難滿足風力發電機的要求。主要表現爲：①長壽命，一般要求無檢修壽命大於 10 萬小時；②低噪音，1 米處的噪音的音功率不得大於 75 分貝；③動載係數大。

中國現有杭州齒輪傳輸線箱廠、重慶齒輪箱廠和南京高速齒輪箱廠在開發風力發電機齒輪箱，現已開發成功 200 千瓦、250 千瓦、300 千瓦和 600 千瓦風力發電機的齒輪箱並投入批量生產。750 千瓦風力發電機的齒輪箱也已開始般入批量生產。兆瓦級齒輪箱也在開發中。

7.2.6　金屬結構件

風力發電機的金屬結構件主要有：機艙、塔架、主軸、偏航系統和輪轂等。中國許多廠家均能生產這些零組件。現在已參與

生產這些零組件的廠家有：杭州重型機器廠、第一拖拉機廠、西安航空發動機廠、鞍山鐵塔廠、上海泰勝、中船總 408 廠、大連重工和太原重型機器廠等。這些企業不僅滿足了中國主機廠的需求，還大量爲國外主機廠配套出口。出口兆瓦級風力發電機組的零組件有塔架、輪轂、機艙底盤等。

7.3 成功案例

目前中國風機製造業中比較成功的案例有兩個，一個是風機積電商金風科技，一個是葉片供應商惠騰。

7.3.1 金風科技──具有發展前途的馬駒

新疆金風科技股份有限公司（簡稱「金風」）是中國 1998 年成立的一家風電機組製造廠商，現在正生產 600 千瓦和 750 千瓦兩種風機。金風可以追溯到 20 世紀 80 年代早期新疆自治區政府進行的風電研發工作，並最終在此基礎上發展成了中國最大的風機製造南。

圖 7-3

圖 7-5

圖 7-4

圖 7-6

　　金風公司的經營範圍主要包括風力發電機組及其零組件的製造與銷售，以及風電場建設運營業務的諮詢服務。到 2005 年，金風公司已經製造了 449 台風電機組，共 283 兆瓦，占中國市場的 20%。金風公司 2003 年的銷售營業額為 1.15 億元人民幣，實現利潤 2010 萬元人民幣，總資產達到 2.17 億元人民幣。

　　早前，德國 Jacobs 公司（現已被 REPower 公司合併）與金風達成協議，授權金風生產並為其 600 千瓦的風電機組提供零組件，這是金風發展史上的一個里程碑。目前，金風公司已經有能力生產和裝配符合本地條件的風電機組。

　　2000 年，金風公司為新疆達坂城風電場供應了總裝機容量為 12 兆瓦的 600 千瓦級的風電機組。之後，中國國內很多地方安裝了金風公司的 600 千瓦和 750 千瓦風電機組，特別是在西北和東北地區。例如，甘肅、河北、山東和浙江。正在建設中的國內最大的風電項目之一的廣東惠來 10 萬千瓦特許權項目，共使用了 167 台 600 千瓦的金風風電機組。

　　金風公司和一家德國的設計機構合作開發 1.2 兆瓦的風電機組，並得到了「國家重點科技攻關項目」的支持。2005 年 6 月，金風製造並安裝了一台 1.2 兆瓦的風電機組，這是中國第一台本地化生產的兆瓦級風電機組。目前，金風公司共擁有四個製造廠，分別位於新疆、承德、溫州和惠來。公司的不斷擴大為年輕人提供了重要的技術工作機會，目前大約有員工 300 人，其中大部分都擁有大學文化水準。同時，金風零組件的供應鏈大部分在中國（本地化達 96%）。據估計，這又間接提供了 1500 個工作機會。國產化使得金風公司風電機組的價格與進口相比低了大約 30%。

　　今天來看，金風科技還是一匹小馬駒，能否成為馳騁疆場的駿馬，還需要在競爭激烈的市場中進行拼殺和政府政策的扶持。

　　2010 年的金風科技會如何發展，整個風電業都在拭目以待。

7.3.2 中航惠騰──風機的翅膀

位於河北保定市的中航惠騰風電設備有限公司是一家中美合作經營企業，由保定惠陽航空螺旋槳製造廠、中國航空工業燃機動力（集團）公司和美國美騰能源集團三方投資興建。該公司主要開發、製造一系列的風機葉片及與風機相關的玻璃纖維補強複合材料（GRP）。總公司從航空螺旋槳製造開始，發展到現在的航空動力設計以及基於玻璃纖維補強複合材料（GRP）的製造業，這是一個順應市場的自然轉變。

惠騰致力於風機葉片的設計和製造，這也是對國家「九五」計畫強調風機製造業面臨的挑戰的一個直接響應。他們目前正生產 600 千瓦和 750 千瓦風機的葉片，並且正在研發 1.2 兆瓦、1.3 兆瓦以及 1.5 兆瓦風機的葉片。1.2 兆瓦風機葉片的首批葉片模型已經下線，不久將運往風電場投入試用。1.3 兆瓦的風機葉片的開發已經完成，並且首批葉片模型已經下線。

惠騰成立於 2001 年，擁有員工 200 人。年生產規模可達 300 套 600 千瓦風機葉片和 200 套 750 千瓦風機葉片。惠騰製造具有國際認可的工程和質量標準。

公司以服務於風能領域而自豪，堅信開發風力資源可以改善環境。公司也意識到中國目前的風能開發水準不夠高，因此還不能產生深遠的影響。但是，如果風電發電量能夠占整個電力消耗的 10%～20% 的話，實際的貢獻將是巨大的。

圖 7-7

捌 我國風能資源之謎

圖 8-1

8.1 陸上 2.5 億千瓦，還是更多？

由於風速是一個隨機性很大的量，其資源潛力必須通過長時間的觀測計算出平均風功率密度。中國氣象科學研究院計算了全國 900 餘個氣象站的年平均風功率密度值，反映出全國風能資源分布狀況以及各個地區風能資源潛力的多少。已經公佈的中國風能資源圖是中國氣象科學研究院於 1995 年在北京完成的，作爲原國家科委「八五」（1991～1995）科技攻關項目的成果。

這個風能資源圖的基本參數是「風功率密度」，即氣流在單位時間內垂直流過單位截面積的能量，單位是瓦／平方米，與風速的立方和空氣密度成正比。由於一年是地球氣候變化的一個周期，因此採用年平均風功率密度衡量風能資源儲量。考慮到年和年之間風速變化的差別，這項研究取 10 年風速資料中年平均風速最大、最小和中間的三個年份，分別計算這三個年份的年平均風功率密度，再將這三年的數值平均，其結果與長年平均值十分接

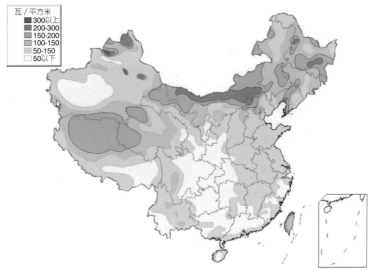

瓦／平方米
■ 300以上
■ 200-300
■ 150-200
□ 100-150
□ 50-150
□ 50以下

圖 8-2　中國風能資源分布圖

近。數據來源是全國 900 個氣象站在 10 米高度的風速觀測資料，按照氣象部門的標準正點前 10 分鐘的平均風速代表那個小時的平均風速，課題組據此推算出每小時的平均風功率密度，全年 8760 個小時風功率密度的算術平均值就是年平均風功率密度。將全國各地的數據匯總後繪製出下面的全國平均風功率密度分布圖。

　　估算全國風能儲量的基本方法是先在全國平均風功率密度分布圖上劃出 10 瓦／平方米、25 瓦／平方米、50 瓦／平方米、100 瓦／平方米和 200 瓦／平方米的各條等值線，求出各省＜10 瓦／平方米、10～25 瓦／平方米、25～50 瓦／平方米、50～100 瓦／平方米、100～200 瓦／平方米、＞200 瓦／平方米的區域面積，再假設安裝 10 米高，截面積為 1 平方米的風能轉換裝置，前後，左右間距各 10 米。按照以上條件推算出每個省和全國的理論可開發儲量，中國 10 米高度層的風能總儲量為 32.26 億千瓦，這個儲量稱作「理論可開發總量」。技術可開發儲量按上述總量的 1/10 估計，並考慮風能轉換裝置風輪的實際掃掠面積，再乘以面積係數 0.785（即 1 米直徑的圓面積是邊長 1 米的正方形面積

的 0.785），得到中國 10 米高度層技術可開發的風能儲量為 2.53
億千瓦。如果年等效滿負荷小時數按 2000～2500 計，陸上風電
的年發電量可達 5060 億～6325 億千瓦時，說明中國風能資源豐
富，但是可供經濟開發的風能儲量有多少尚需進一步查明。

表 8.1　全國各省風能儲量　　　　　　　　　　　　　　　　（GW）

省區	理論可開發儲量	技術可開發儲量	占全國比例%
河北	77.9	6.1	2.4
河南	31.4	2.5	1.0
山西	49.3	3.9	1.5
廣東	24.8	1.9	0.8
內蒙古	786.9	61.8	24.4
海南	8.2	0.6	0.3
遼寧	77.2	6.1	2.4
廣西	21.4	1.7	0.7
吉林	81.2	6.4	2.5
四川	55.5	4.4	1.7
黑龍江	219.5	17.2	6.8
貴州	12.8	1.0	0.4
江蘇	30.3	2.4	0.9
雲南	46.7	3.7	1.5
浙江	20.8	1.6	0.6
西藏	508.6	39.9	15.8
安徽	31.9	2.5	1.0
陝西	29.8	2.3	0.9
福建	17.5	1.4	0.5
甘肅	145.6	11.4	4.5
江西	37.3	2.9	1.2
青海	308.5	24.2	9.6
山東	50.1	3.9	1.6
寧夏	18.9	1.5	0.5
河南	46.8	3.7	1.5
新疆	437.3	34.3	13.6
湖北	24.6	1.9	0.8
全國	3226	253	

資料來源：中國氣象科學研究院

聯合國環境規劃署（UNEP）正在實施太陽能風能資源評估項目（SWERA），項目選擇了一些太陽能和風能資源比較豐富的國家，利用數值模擬和地理資訊等技術對太陽能和風能資源進行評估，項目在中國的目標區域包括東部陸地和近海 300 萬平方公里面積，涵蓋了河北、內蒙古、遼寧、吉林、黑龍江及寧夏等北部省區的大部分面積，以及沿海各省區海岸線附近的陸地和距離海岸線 20 公里以內的近海海域，從北向南依次為遼寧、河北、天津、山東、江蘇、上海、浙江、福建、廣東、廣西和海南，另外在內陸有江西和湖北的部分地區，總共 15 個分區。由美國國家可再生能源實驗室（NREL）對上述區域進行宏觀風能資源模擬，分辨率為 1 平方公里，數據來源有地面氣象站觀測點、探空氣球、衛星遙感、船舶航行記錄等，根據大氣流動特徵和地形影響等因素建立電腦模型，2004 年 9 月完成了初稿。

從 50 米高度年平均風功率密度分布圖的初稿可以看出，風能資源分布的總趨勢與目前了解到的情況接近，即主要在中國的北部和沿海地區。由於風能資源豐富的地點一般距離現有氣象站比較遠，或者因為地形複雜，模擬的結果總會有一定的誤差，需要利用現場實測的數據進行核對和修正。但是現場實測的數據絕大多數是由開發商投資測量的，為了競爭開發權均不願意公佈，難以獲得。只有聯合國開發計劃署（UNDP）的 10 個測風點項目和進行過特許權招標的風電場址測風資料可以公開，提供給 NREL 作為模擬結果對比的依據。

UNDP 的 10 個測風點項目是 2002 年由原國家電力公司組織實施的，UNDP 提供測風設備和諮詢服務，由中國龍源電力集團公司負責場址選擇、接收設備、人員培訓、安裝指導、匯總數據，各省區電力局安排當地機構安裝測風塔和儀器，日常維護，定時收集數據上報給龍源。2003 年 UNDP 通過招標選擇中國水利水電建設工程諮詢公司，即水電規劃設計總院，作為數據處理和風電場址風能資源評估的承擔單位。到 2005 年底項目結束時評估

結果才能公布。

　　UNDP 的 10 個測風點是吉林的大通、內蒙古的達裡和輝騰錫勒、寧夏的賀蘭、甘肅的玉門、湖北的利川、江西的鄱陽、福建的浦田和古雷、廣東的徐聞。其中玉門不在 UNEP 風圖範圍內，利川和鄱陽的數據收集不完整，只有7個測風點的年平均風功率密度數值可以和 UNEP 風圖的模擬結果進行對比。總體來看，UNEP 風圖初稿與實測結果比較接近，在大通幾乎吻合，其他測點則普遍偏高，利用這些現場實測數據，NREL 對初稿進行驗證，作了補充修改，於 2005 年 8 月完成最終稿。

　　2003 年 10 月國家發展和改革委員會能源局在北京召開了全國風電前期工作會議，決定在全國開展風能資源評估工作，根據現有的氣象台站資料和風電場資料，初步估算各省及全國風能資源總儲量、可開發儲量和經濟可開發儲量，並繪製各省及全國風能資源分布圖和風能區劃圖，用於指導風電場宏觀選址。中國氣象局負責、指導各省（區、市）風能資源評估工作，完成全國風能資源評估工作，繪製全國風能資源分布圖；組織各省氣象站提供與風電場建設有關的氣象資料；組織對各省風能資源評價成果的初步驗收，匯總編寫最終風能資源評價成果。中國水電工程顧問集團公司作為全國大型風電場建設前期工作技術負責單位，除了組織編製《全國大型風電場建設前期工作大綱》和有關的技術管理規定和辦法外，還將研究編製數據庫軟體，建立中國風電場工程數據庫。2005 年末中國氣象局將完成全國風能資源評估的初步成果。

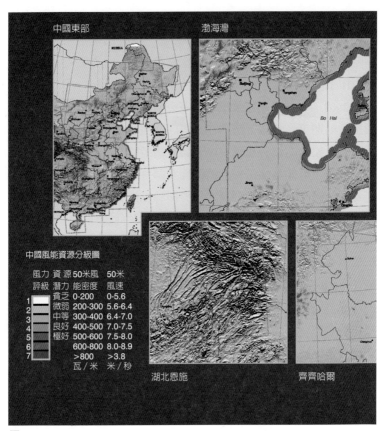

圖 8-3

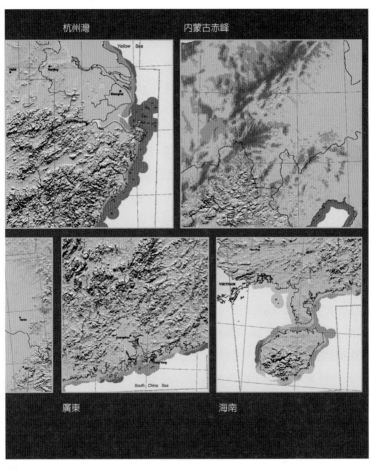

圖 8-4

8.2　近海風能資源 7.5 億千瓦？

中國東部沿海水深在 2～15 米之間的淺海海域面積遼闊，風能資源豐富，風速比較穩定，中國氣象科學研究院初步估計近海風能資源約為陸上的3倍，即 7.5 億千瓦，應該開始對岸外淺海區域的風能資源進行勘測。

在 UNEP 的風能評估項目中，NREL 利用衛星遙感數據，將海浪的高低轉換成風速的大小，又參照船舶航行時記錄的風數據，對中國東部沿海海域進行數值模擬，繪製了近海 50 米高度風功率密度分布圖。

8.3　有多少可用的風能資源？

根據現在已經公布的數據，中國風能資源技術可開發總量離地 10 米高度包括陸地和近海共 10 億千瓦，應把這種風能總儲量的估計理解為一種概念，即中國的風能資源是豐富的。關於風能總儲量的評估方法和技術仍在發展，隨著現場測風活動的開展和數值模擬技術的改進，總儲量的評估數據會更加準確。當前急需的是要對最有潛力的地區做出經濟可開發儲量的評估，首先應根據國內外的經驗編製出評估經濟可開發儲量的導則，然後在風能資源數值模擬分布圖的基礎上，利用地理訊息系統（GIS）技術將地形地貌、保護區、樹林、農田、養殖場、道路、輸電線、變電站、城鎮等因素覆蓋在風能資源分布圖上，確定風電場實際可利用的土地面積和地質、交通及電網等條件，進而收集經濟方面的資料，進行成本分析，估算經濟可開發儲量，為制定風電場建設規劃提供依據。

中國風能豐富的地區主要分布在西北、華北和東北的草原或戈壁，可以找到許多風功率密度大，面積廣闊的風電場址，然而這些區域一般人口稀少，電力負荷小，電網覆蓋面積和輸送能力也較小，需要建設強大的輸電系統才能將風電送到負荷中心。

圖 8-5

　　東部和東南沿海及島嶼風能資源也比較豐富，這些地區一般都缺少煤炭等一般常用的能源。在時間上多春季風大，降雨量少，夏季風小，降雨量大，與水電的枯水期和豐水期有較好的互補性。這些地區人口稠密，沿岸都已開發成水產養殖場或防護林帶，選擇適合建設風電場的場址比較困難。

　　東部沿海遼闊的近海域，風能資源豐富而且穩定，靠近我國東部主要用電負荷區域，輸電距離只有幾十公里，具有建設海上風電場的巨大潛力。但是在長江口以南的海岸線附近遭受颱風襲擊的機會比較多，需要發展抗颱風的技術。

　　離海岸較遠的深海海域風能資源更豐富，隨著將來深海風電技術的發展也有可能在遠期開發。

8.4 有結論嗎？

　　風能資源總量的測算有兩個不同結果：根據中國氣象局的資料計算，可利用資源總量 10 億千瓦，相當於中國目前發電裝機容量的 3 倍；按照類比分析，在現有技術條件下，1 平方公里可以布置 6～8 兆瓦的風力發電機，中國陸上年平均風速超過 6 米／秒的土地面積超過 60 萬平方公里，海上可利用的面積約 6 萬平方公里，全部利用可布置風電裝機超過 40 億～50 億千瓦，利用 1/3 可以布置 12 億～15 億千瓦。按照德國的經驗，在其 30 多萬平方公里的國土上可以安裝風力發電機 4500 萬千瓦，照此類推，中國可能安裝的風電裝機也在 10 億千瓦以上。中國資源綜合利用協會可再生能源專業委員會與 NREL 合作，在 UNEP 的支持和資助下，對中國部分地區的風力資源進行了詳細的測算，初步的結論是不包括新疆、西藏等西部地區，風能密度在 300 瓦／平方米以上的陸地面積超過 65 萬平方公里，可以安裝風力發電機 37 億千瓦，風能密度 400 瓦／平方米以上的陸地面積超過 28 萬平方公里，可以安裝 14 億千瓦的風電裝備，如果再考慮海上風能資源開發潛力，可能超過 20 億千瓦的發電裝機和 4 萬億～5 萬億千瓦時的電量。

風電技術發展

圖 9-1

9.1 技術特色

　　風電技術看似簡單，其實不然。在細長塔架、慢悠悠旋轉的槳葉背後，包含著多種高技術的應用，如輕型材料、空氣動力設計、電腦控制等。一台風電機組實際上是一個多種高技術應用的綜合體。

　　風電是一門獨特的技術，如葉片的失速特性。許多空氣動力學裝置（飛機、汽輪機等）避免失速。失速，從功能上講，是當機翼的功角急劇增加時上升力的一種衰減。這對飛行機器來說是一個致命的潛在事故，但風力機在風速太高時可以合理的利用失速來限制功率的輸出。

　　風電高技術的另一個表現是應對疲勞。風電場的年平均風速範圍在 5～11 米／秒之間變化，極端的瞬時狂風可達 70 米／秒，而且風向飄忽不定。風力機要承受來自惡劣風力條件下十分不規

則的交變載荷。通過對結構零組件的試驗得出這樣的結論，風力機的疲勞周期要比其他旋轉電機大得多。假定一個現代風力機的設計壽命為 20 年、每台風電機組需要在無人值守和裸露在惡劣的氣候條件下安全運行高達 12 萬小時。相比而言，一個有人駕駛的電動車輛，經常維修，它的設計壽命是 15 萬公里，折算後僅僅為風機 4 個月的連續運行壽命。

風力資源具有廣域分布、不穩定、能量密度相對較低的特點，對高效的風能獲取技術提出了更高的要求。風力機容量、尺寸越來越大。這給風力機的設計、工程安裝以及運行維護增加了難度。

其它的挑戰還有：

⊙滿足並網的技術要求，包括頻率、電壓、諧波含量等。

⊙成本要求，能與其它發電方式進行經濟上的競爭。

⊙環境要求，噪音在可以接受的範圍之內，造型不影響景觀。

9.2　風機造型

儘管在風力機商業化之前出現過大量不同的設計，但是在早期的丹麥，三葉片、單一固定轉速、失速調節風力機主導了額定功率通常在 200 千瓦以下的市場。而葉片幾乎都是由不飽和聚醋樹脂與玻璃纖維布的複合材料製造而成的聚酯樹脂玻璃。

2004 年，業界關注的焦點在於 5 兆瓦風力機技術，並且目前商業化的風力機的葉輪直徑已經超過了 100 米。變槳變速設計成為主流，同時直接驅動發電機技術的創新引入變得十分引人矚目。最近的一個大趨勢是海上數兆瓦級的風機出現。

風機的造型，既要考慮到結構和重量的需要，也要考慮到視覺美觀的要求。按風輪軸的不同可分為水平軸風力機和垂直軸風力機。能量驅動鏈（即風輪、主軸、增速箱、發電機）成水平方向的，稱之為水平軸風力機。能量驅動鏈成垂直方向的，稱之為垂直軸風力機。

　　垂直軸風力機具有很多優勢。如增速箱和發電機可以置於塔底，安裝和維修都非常方便。同時，垂直軸風力機具有任意方向性，不用機艙對風和調向，省去了偏航裝置，不存在扭纜和解纜的問題。然而，垂直軸風力機的效率低，並且，由於傳送軸的重量的原因，將大容量的垂直軸的齒輪箱放在地面上是不可行的。再有一個明顯的缺點是，機翼的表面貼近於軸，越離旋轉軸近的機翼部分速度越慢，這減少了空氣動力的效能。這些不利使得垂直軸設計在大型風力機從商業的主流設計中消失。

　　雖然人們在不斷改進風力機的設計，但是，大型水平軸風力機仍然是目前世界範圍內商業化運行最爲成功的一種形式。其最常見結構是水平軸、三葉片、上風向，機艙安裝在高高的塔架上。能量由風輪傳遞到齒輪箱，然後到發電機。有些變速運行，有些沒有齒輪箱，採用直接驅動。目前最顯著的改進是不斷增加單機容量和機組性能。20 年前，風力機單機容量僅爲 25 千瓦，今天商業化機組容量一般爲 600～2500 千瓦。每座 2000 千瓦風電機組的年發電量是 20 年前老機組的 200 多倍。當前最大的商業化風電機組的容量爲 2500 千瓦，其風輪直徑達 80 米，塔高 70～100 米。

9.3　構造零組件

　　由於水平軸的風力發電機成爲市場上的主流，所以這裡主要介紹水平軸風力發電機，通過它來了解風力發電機。水平軸風力發電機主要由風輪（包括葉片和輪轂）、主軸、增速箱、發電機、塔架、調向系統、制動系統、液壓系統、變距系統和控制系統等組成。以下介紹的是風力發電機的主要零組件。

9.3.1　風輪

　　風力發電機需要用葉片將流動的風能之動能轉化爲轉動的動能。因此葉片和輪轂是風力發電機的主要動力零組件，葉片和輪

轂的總稱為風輪。

　　葉片約占風力發電機成本的 20%。葉片生產廠商自然而然地致力於降低材料的體積和重量，特別是大型的葉片。設計原理隨葉片尺寸而改變，並且葉片重量與其直徑的立方成比例關係。

　　在葉片旋轉時，它也要支持自己的重量，如果採用不合適的材料，葉片會因此而彎曲並成為主要的負荷。這種比例關係就因此而打破。在那種情況下，葉片彎曲的瞬間葉片重量將與直徑的四次方成比例。

　　良好翼型的葉片能夠更好地控制風載荷，同時具有更接近貝茲極限的氣動效率。採用更加堅固的輕質材料，增加碳纖維增強材料的使用是主要發展趨勢。

　　一個風力發電機需要多少個葉片？小容量多葉片的風機在提水上獲得成功應用。雖然效率較低，但是具有較大的掃風面積，可以在低風時提供較大的啟動轉矩來滿足水泵的要求。

　　現代風力發電機可以有 1 個、2 個或 3 個葉片，在 20 世紀 80 年代、90 年代早期，曾經嘗試使用 1 個或 2 個葉片。單葉片系統葉片的利用率最高，控制策略也較為簡單。其缺點是需要增加額外的平衡物來使轉子平衡，單葉片最高點能量的損耗導致了空氣動力效率的下降，而且複雜動態特性需要將葉片裝上鉸鏈來減輕負載。

　　雙葉片設計在技術上與三葉片系統設計相當。一般來說，增加葉片會帶來一些小的好處，能降低損耗。總的來說，多葉片系統的損耗相對較少。在轉子的設計中，運行速度或運行速度的範圍是首先要考慮的，包括從聲學上考慮怎麼消除噪音。對於增加葉片的數目可以增加功率的想法是完全錯誤的。相反，它將會減少功率。同時，認為兩葉片會節省葉片的費用的想法也是錯誤的。因為兩葉片系統中的葉片並不是三葉片系統中的兩個葉片。兩葉片轉子與三葉片相比需要運行在更高的葉尖速度上，因此會引起噪音問題。

　　單葉片和雙葉片轉子的另一個缺點是視覺影響。很顯然，經

過一個周期的旋轉，葉片的不穩定是很討厭的問題。三個葉片的風力發電機在陸地上有較大的競爭力。在那些噪音和視覺影響不被人們重視的地方，如海上風電場，單葉片和雙葉片風力發電機也許更有用武之地。

葉片的製造技術是材料科學、空氣動力學、結構力學和加工技術的結晶。上百米長，10 多噸重的的葉片要求極高的對稱性和平衡性，既要求極高的耐疲勞、抗老化性的強度和柔韌性能。在高嚴寒地區、颱風地區還需要更嚴格的特殊設計才能滿足風力發電機所需要的嚴苛工作環境。

風輪直徑或直徑的平方決定著風力發電機可以產生的能量。從 1997 到 2000 再到 2005 年，風力發電機的風輪直徑從 65 米到再到 69 米，再到 130 米。與之相對應，輪轂高度也隨之增加。

9.3.2 動力傳輸

葉片把流動的風能轉換為轉動的動能，通過葉片和輪轂組合的風輪傳送給發電機，完成從動能到電能的轉換。按不同的驅動方式劃分，風力發電機又可以劃分為齒輪驅動、直接驅動和混合驅動。

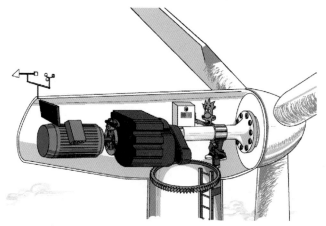

圖 9-2　齒輪傳動系統示意圖

　　齒輪驅動是將風輪獲得的轉動動能，通過主軸，經過齒輪箱的增速，傳導給發電機，完成了風力發電機的動力傳輸。一般情況下，風輪的轉速在每分鐘十幾轉，而發電機的轉速要每分鐘3000多轉，這一任務要齒輪箱來完成，因此，齒輪箱又稱為增速箱。齒輪驅動的風力發電機技術，齒輪箱和主軸既是關鍵零組件，又是易損零組件，既需要高質量的材料、也需要高質量的製造、安裝和維護技術。自大型的風力發電機問世以來，已經有上千台風力發電機更換了齒輪箱。因此齒輪箱和主軸的壽命，往往就是風力發電機的技術壽命。齒輪驅動技術目前是風力發電機的主流產品。世界上70%的風力發電實施的是齒輪驅動技術。目前，齒輪驅動技術單機容量最大的風電機組是由德國REPower公司生產的，容量為5兆瓦，風輪直徑達130米，安裝在120米高的塔架上。預計2010年將開發出10兆瓦的風電機組。

　　為了減少傳動零組件，人們發明了直接驅動的風力發電技術。風輪與電機直接連接，依靠發電機的改型，降低發電機的轉速，以適應低轉速風輪傳動技術。一種直驅發電機是傳統的異步

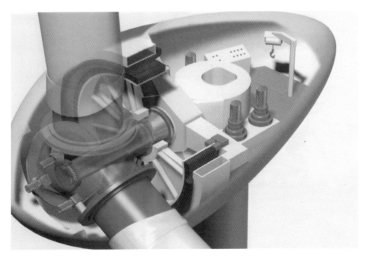

圖9-3　直接傳動系統示意圖

電機，有轉子滑環和轉子激磁電路；另一種直驅發電機採用了永磁電機。直驅發電機以風力發電機風輪的轉速運行，並且二者直接相連而不通過齒輪箱。風力發電機的直驅傳動系統，避免了齒輪箱的成本相維護，降低了傳動系統的損耗。人們對它也越來越感興趣。因為齒輪箱在風力發電機運行過程中的故障率是相對較高的。在歷史上，齒輪箱曾引起爭議。因此通過直驅概念代替齒輪箱或許看起來很有前途。但是這卻增加了直驅發電機的製造難度。儘管如此，直驅式風力發電機仍被證明對於風電產業未來的發展是十分重要的。毫無疑問從 20 世紀 90 年代初 Enercon 公司的主要市場出現的時候開始，該公司就是態度最鮮明的發展直驅技術的風能公司。Enercon 的設計，採用直驅發電機和繞線式轉子，目前 4.5 兆瓦的 E112 風力發電機已經投入運行。直驅式風力發電機的一個缺點是，發電機的重量和尺寸較大。較大的發電機直徑意味著增加了機艙的設計和運輸難度，尤其是在陸上風機的應用中。

針對直驅式風力發電機的優缺點，人們又開發了一種採用單級增速裝置加多極同步發電機技術的混合式風力發電機。它採用一級齒輪箱來增加轉速，但並未達到六極發電機的轉速。它可以被看成全直驅傳動系統和傳統解決方案的一個折衷。發電機是多極的，和直驅設計本質上是一樣的，但它更緊湊，相對來說具有更高的速度和更小的轉矩。它的目的是避免使用多級齒輪箱。與大直徑的直驅發電機相比，通過更高效和緊湊的機艙排列來擁有較小的系統重量。芬蘭 Win-wind 公司已開發出容量 1.1 兆瓦，風輪直徑 56 米的混合式風電機組。3 兆瓦的機組也已經安裝完成，正在現場試驗運行。預計 2010 年將開發出 10 兆瓦的風電機組。

9.3.3　控制系統

控制系統可以在形象上比作風電機組的大腦。風力發電機的所有動作都是在由控制系統發出的命令的指揮下完成的。因此，

控制技術是風電機組的最核心技術之一。目前大型風力發電機的控制技術特別是失速型風力發電機的控制技術已經非常成熟。當前的目標是開發和製造適用於不同類型與結構風電機組的控制系統和電力變換器，實現風電機組的最優化運行，提高風能利用率，同時開發出高可靠性的智能型控制系統。

目前對風力發電機的控制主要是功率調節和速度調節。從功率調節方式上劃分，風力發電機又可以劃分為定槳距和變槳距變速風力發電機組。從速度調節方式上又可以劃分為恆速和變速控制。

定槳距風力發電機的特點是：葉片與輪轂的連接是固定的，當風速變化時，葉片的迎風角度不能隨之變化，即葉片槳距角不能調節。當風速高於風輪的設計點風速即額定風速時，葉片必須能夠自動地將功率限制在額定值附近，而不能超過風力發電機材料的物理性能使用限度。葉片的這一特性稱為自動失速特性。因而，定槳距風力發電機常常被稱作失速型風力發電機。這種限制功率輸入的方式被稱為失速調節。失速調節是在轉速基本不變的條件下，風速超過額定值以後，葉片發生失速，將輸出功率限制在一定範圍。失速調節的優點是葉片與輪轂之間沒有運動零組件，不需要複雜的控制程序，其缺點是風電機組的性能受葉片失速性能的限制，起動風速較高，在風速超過額定值時發電功率有所下降，同時需要葉尖煞車裝置。

在 20 世紀 80 年代，經典的丹麥三葉片失速型風力發電機占據著主要地位。風電產業外的空氣動力學界（飛機、汽輪機等）被失速的運用所震驚。它被證明是一種完全不同的操作方式，利用而不是避免失速，這是風力發電的一項獨特技術。

變槳距風力發電機的特點是：葉片的槳距角可以自動進行調節。當風力發電機啟動時，可以通過變距來獲得足夠的啟動轉矩。當風速過高時，葉片可以沿著縱軸方向旋轉，以改變氣流對葉片的攻角，從而改變風力發電機獲得的空氣動力轉矩，控制風輪能量吸收，以保持一定的輸出功率。變槳距調節的優點是機組

啓動性能好、輸出功率穩定、機組結構受力小、停機方便安全；缺點是增加了變槳距裝置、故障概率及控制程序比較複雜。

兩種控制方式各有利弊，各自適應不同的運行環境和運行要求。從技術發展的趨勢來看，變槳距調節方式似乎更具競爭優勢。

目前市場上恆速運行主要是失速型風電機組，為提高風能利用率，一般採用雙繞組結構（4 極／6 極）的異步發電機，雙速運行。在高風速段，發電機運行在較高轉速上，4 極電機工作；在低風速段，發電機運行在較低轉速上，6 極電機工作。電機之間的切換由電腦自動控制。雙速運行的好處是控制簡單、可靠性好。缺點是由於轉速基本恆定，而風速經常變化，因此風力發電機經常工作在風能利用係數（Cp）較低的點上，風能得不到充分利用。

比較常見的變速運行的風電機組一般採用雙饋異步發電機。雙饋電機的轉子側通過功率變換器（一般為雙 FWM 交直交型變換器）連接到電網。該功率變換器的容量僅為電機容量的 1/3，並且能量可以雙向流動，這是這種機型的優點。

另一種變速運行的風電機組採用多極同步發電機，其電機的定子側通過功率變換器連接到電網。該功率變換器的容量要大於等於電機的容量。

變速運行風電機組通過調節發電機轉速跟隨風速變化，並使葉片保持最佳幾何形狀和效率，實現風力發電機的葉尖速比接近最佳值，

圖9-4

從而最大限度地利用風能，提高風力發電機的運行效率。

9.4 發展趨勢

風電技術的發展趨勢表現在：

⊙風力發電機組的單機容量繼續增大，兆瓦級機組與百千瓦級機組比小型機組有更好的經濟效益；風力發電機組槳葉增長，具有更大的捕捉風能的能力；塔架高度上升，在 50 米高度捕捉的風能要比 30 米高處多 20%；

⊙風力發電機組控制技術採用變速風機，在平均風速 6.7 米／秒時，比恆速風機多捕獲 15% 的風能；

⊙海上風力發電技術取得進展，丹麥、德國、西班牙、瑞典等國都在建設大規模的海上風電場項目，同等容量裝機，海上比陸上成本增加 60%，但電量增加 50% 以上，並且，每向海洋前進 10 千米，風力發電量增加30%左右；

⊙隨著風電技術水準的不斷提高，其經濟性逐步提高。一般估計，2020 年風力發電基本上可以和乾淨的煤電相競爭。

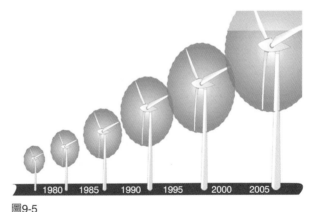

圖9-5

表9.1 風電技術發展趨勢

額定功率千瓦	30	80	250	600	1500	5000
葉片半徑，米	15	20	30	46	70	115
軸高，米	30	40	50	78	100	115
潛在年出電力，千瓦時	35000	95000	400000	1250000	3500000	ca.17000000

　　技術進步不斷提高風能效率，降低風電成求，包括更安全的風輪、更大的葉片、更高效的電力電子設備、更好使用的聯軸器和更高的塔架等的應用。目前最顯著的改進是不斷增加的單機容雖和風電機組性能。20 年前，風電機組單機容量僅爲 25 千瓦，今天商業化機組容量一般爲 600～2500 千瓦，每座 2000 千瓦風電機組的年發電量是 20 年前老機組的 200 多倍。當前最大的商業化風電機組的容量爲 2500 千瓦，其風輪直徑達 80 米，塔高 70～100 米。未來，在海上風電場將安裝更大機組，目前正在開發3000～5000 千瓦的機組。2003 年，德國 Enercon 公司安裝了第一台 4500 千瓦的風電機組樣機，其風輪直徑達 112 米。2004 年德國 REPower 公司安裝了 5 兆瓦風電機組。風電機組設計壽命爲20～25 年，目前其年運行維護成本一般爲風電機組價格的 3%～5%。

　　從風力發電機的製造技術來看，其發展趨勢有以下幾點：

　　⊙葉尖速度的個性化設計　風機的葉尖速度是轉速和葉片半徑的乘積。噪聲會隨著葉尖速度的增加而急速加大，因此較高葉尖速度的風力發電機比低葉尖速度的風力發電機噪音要大的多。對於陸上市場來說，噪音是一個主要限制。2 兆瓦以上的大型風力發電機一般是以海上市場爲目標的。海上風力發電機的葉尖速度與以陸地應用爲目的的平均葉尖速度進行對比，一個明顯的葉尖速度範圍的增長，大約從 10% 達到 30%。考慮到海上風電場對噪音的敏感度較小，這種現象就使人能夠理解了，因爲那些風電場距離陸地都可能是 30 千米以上。增長的葉尖速度降低了與任何給定功率等級相關的轉矩，並且允許在動力傳動系統中大大地降

低體積和成本。

⊙變槳距和變速更具發展優勢 變槳距調節是大型風力發電機的最佳選擇。因爲變槳距調節提供了較好的輸出功率品質，並且每一葉片調節器的獨立調槳技術允許葉片可以被認爲是兩個獨立的制動系統，並可以獨立調節。通過控制發電機的轉速，能使風力發電機的葉尖速比（tip speed ratio）接近最佳值，從而最大限度地利用風能，提高風力發電機的運行效率。在不同速度下運行，增加了「網間友善」。變速運行可以通過很多方式實現，首選的系統就是 DFIG（雙饋感應電機），也被稱爲繞線式感應發電機（WRIG）。它提供了全範圍變速驅動的所有優點，只有總功率的 1/3 經過變換器。這樣，電力變換器大約只是傳統的變速驅動器的大小和成本的 1/3，並且它的損耗也有近似比例的減小。在這種模式中，發電機的定子直接與電網相連，轉子電路通過電力變換器與電網相連。這是經典的 Karmer 或者 Scherbius 系統的現代模式。

⊙其它新的發電機配置模式也已經被提出來，包括開關磁阻（SR）（也可稱為變阻尼）電機 所有的模式都依靠電力變換器的實際大小，並且與 DFIG 相比都要遜色。目前用到的 DFIG 模式需要滑環來向轉子電路輸送能量或者從轉子電路中獲取能量。有一種可選擇的方式被稱爲無刷雙饋感應電機機（BDIG），它通過磁性有效地傳遞轉子能量而避免了滑環的使用。然而至少一個生產廠商已經得出結論，那就是這種機器天生就大，而且比滑環方式要更貴。目前，並沒有商用的風力發電機採用 BDIG。

⊙直接驅動和混合驅動技術的市場份額迅速擴大 齒輪傳動不僅降低了風電轉換效率和產生噪音，還是造成機械故障的主要原因，而且爲減少機械磨損需要潤滑清洗等定期維護，採用無齒輪箱的直驅方式雖然提高了電機的設計成本，但卻有效地提高了系統的效率以及運行可靠性。在德國 2004 年上半年所安裝的風電機組中，就有 40.9% 採用了無齒輪箱系統。德國 Enercon 公司在

開發直驅風電機組方面居於領先地位，已批量生產 1.8 兆瓦的直驅風電機組，並正在試驗 4.5 兆瓦的原型機。Win-wind 的混合驅動技術的風力發電機問世以來，以其獨特的設計理念，衝擊著傳統的市場，其市場份額的擴大也在人們的預料之中。

　　⊙**海上風電悄然興起**　海上風電場是國際風電發展的新領域。開發海上風電場的主要動機是因為海上風速更高且更易預測。在歐洲北部海域，60 米高度的平均風速超過 8米／秒，預計比沿海好的陸上場址的發電量高 20%～40%。隨著風力發電的迅速發展，陸上風力發電在一些人口密集、土地資源稀缺的地方出現了瓶頸。因為它需要占用土地，影響自然景觀，有時對周圍居民生活帶來不便。而近海空氣密度高，風速平穩，風資源豐富且容易預測。為此，歐洲一些國家紛紛興建海上風電場，為下一步風電的高速增長開拓新的市場。根據海上特點，一些風機公司不但對海上風電機組進行了特別的設計和製造，對海上風電場的建設也做了很多工作，包括對海上風電場的風資源測試評估、風電場選址、基礎設計及施工、風電機組安裝等，並開發出專門的海上風資源測試設備及安裝海上風電機組的海上安裝平台。

圖9-6

　　⊙**風力發電機製造技術在發生變革**　技術進步正在變革著人們對風力發電機設計和製造的理念。20 世紀 90 年代中期，人們以為單機容量在 600～800 千瓦的風力發電機價格性能比最優，2000 年前後，人們把它提高到 1500 千瓦左右，目前看來 2 兆瓦以上的風力發電機更具有價格優勢。但是人們還在不斷增加風力發電機的單機容量。5 兆瓦的風機已經面世，10 兆瓦以上的風力發電機也在研製之中。專家們預言，2020 年將會有 20 兆瓦、30 兆瓦乃至 40 兆瓦的風力發電機問世。風力發電機的製造技術已經開始由造機器向造電站方向轉化。這一設計和製造理念的變化，對風力發電技術而言是革命性的變化。

圖10-1

10.1　微觀選址

　　風電場選址的好壞，對風力發電能否達到預期效果有著關鍵的作用。風能的供應受多種自然因素的複雜支配，特別是大的氣候背景及地形和海陸的影響。由於風能在空間分布上是分散的，在時間分布上也是不穩定和不連續的，也就是說風速對大氣氣候非常敏感，時有時無，時大時小。而且風能在時間和空間分布上有很強的地域性。所以選擇品位較高的地址，除了利用已有的氣象資料外，還要利用流體力學原理，研究大氣流動的規律。因為大氣是一種流體，它具有流體的基本特性，所以應首先選擇有利的地形，進行分析篩選，判斷可建風電場地點，兩進行短期（至少 1 年）的觀測，並結合電網、交通、居民點等因素進行社會和

經濟效益的統籌，最終確定最佳風電場的地址。

選址通常分爲預選和定點兩個步驟。預選是首先從 10 萬平方公里的廣大面積上進行分析，篩選出 1 萬平方公里較合適的中尺度區域，再進行考察選出 100 平方公里的小尺度區域，如果該區域具備一定的可用面積，且經驗上估測是可以利用的，就開始收集氣象資料，並設幾個觀測風速點；定點是在風速觀測資料的基礎上，進行風能潛力的估計，作出可行性的評價，最終確定風力發電機的最佳佈局。關於選址的技術標準有以下六個方面：

⊙**風能資源豐富區**　反映風能資源豐富與否的主要指標有年平均風速、有效風能功率密度、有效風能利用小時數、容量係數等，這些要素愈大，則風能愈豐富。根據中國風能資源的實際情況，將風能豐富區指標定爲年平均風速在6米／秒以上，年平均有效風能功率密度大於 300 瓦／平方米，3～25 米／秒風速小時數在 5000 小時以上。

⊙**容量係數較大地區**　風力發電機容量係數是指一個地點風力發電機實際能夠得到的平均輸出功率與風力發電機額定功率之比。容量係數愈大，風力發電機實際輸出功率愈大。風電場選在容量係數大於 30% 的地區有較明顯的經濟效益。

⊙**風向穩定區**　表示風向穩定的方法，可以利用風玫瑰圖，其主導風向頻率在 30% 以上，可以認爲是穩定的。

⊙**風速年變化較小區**　中國屬季風氣候，冬季風大，夏季風小，但是在中國北部和沿海由於天氣和海陸的關係，風速年變化較小。

⊙**氣象災害較少區**　在沿海地區，避開颱風經常登陸的地點和雷暴易發生的地區。

⊙**湍流度小**　湍流強度受大氣穩定和地面粗糙度的影響。所以在避風電場時，避開上風方向地形起伏和障礙物較大的地區。

依據風能資源和風況勘測結果，便可根據風電場選址的技術原則，粗略地定點，然後分析地形特點，充分利用有利於加大風速的地形，再來確定風力發電機的安裝位置，即風電場的微觀

選址，它不僅需要根據風資源的情況，考慮場址的地形、地表粗糙度和周圍障礙物影響，同時還要綜合考慮尾流效應、湍流的影響、土地利用率和安裝運輸條件等因素。

　　風電場的微觀進址通常可以採用商業設計軟體 WFDTs 完成。該軟體能夠根據風電場的風資源分析，建立出用於設計風電場微觀選址的仿真模型，同時該模型還可以進行風電場出力狀況分析、經濟性評價，以及與規劃相關的課題研究。而且 WFDTs 可以方便、高效地調整風電場大小、風力發電機類型、輪轂高度、風力發電機佈局，以確定風電場微觀選址的最優方案。另外，該軟體還可以提供所設計風場的立體效果圖，以及預測風場噪音與陰影閃爍情況，這在需要考慮風電場設計對景觀影響的國家是很受歡迎的。

　　風電場選址還直接關係到風力發電機的設計或風力發電機型的選擇。一般要在充分了解和評價特定場地的風特性後，再選擇或設計相匹配的風力發電機。總之，風電場微觀選址方案的確定是綜合高發電量、施工方便、具備較強商業競爭力這三個方面的折衷。

10.2　基礎設施建設

　　保證風電場的良好運行不但需要採用可靠經濟的風電機組，還需要配備完整的基礎設施建設。風電場的基礎設施主要包括四個部分，即土木建設、電氣建設、數據監控採集管理系統（SCADA）以及測試設備。

10.3　調試與運行

　　風電場一旦建設完工，必須經歷調試階段，即測試運行階段，才能正常投入使用。單台風電機組的測試運行時間通常很少超過兩天。商業風電機組長期利用率通常超過 97%，也就是說在風能資源充足的情況下風電機組在 97% 的時間內能夠正常工作。這一指標遠遠優越於常規電廠的相應指標。通常風電場要求滿負

荷條件下試運行約 6 個月,在這段時間內利用率大約爲 90%,當試運行結束後利用率立即上升到 97%,甚至更高。

　　試運行標準測試通常包括電氣基礎設施測試,風力發電機測試,以及土木工程例行檢查記錄。這個階段對於高質量風電場的交付與維護尤爲關鍵。

　　試運行結束後,風電場便可投入正常的運行管理。運行管理人員一般設定爲每 20～30 台風力發電機兩人。對於小型風電場可以不設置專門的運行管理人員,而是由基站定期派人檢查和維護。對於現代風電機組,典型的例行維護時間大概爲每年 40 小時,非定期檢查的時間與例行檢查時間大致相當。

　　實踐證明風電場與一般電廠相比有著無可比擬的優越性:它建設周期短、能夠利用免費的能源、運行操作簡單、維護方便。但是由於其自身的特點也給我們帶來了新的挑戰。因此,必須透徹掌握其特殊的運行維護方法,才能延長風電場的運行壽命,提高風能利用效率,增加經濟效益。

圖10-2

10.4　電網

　　風能資源的數量是巨大的，如何提高風能利用率，使風能真正意義上的代替一般能源，使風力發電真正替代一般電廠，關鍵因素在於風電的大規模並網，這樣才能完成大量風電電能的傳輸和分配。而風電能否實現大容量並網則取決於整個電網，包括技術、經濟、調度等方面、也就是說大規模風電並網爲電網帶來了嶄新的機遇和眾多的挑戰，尤其是工程技術方面需要面對和解決更多的問題。目前，雖然絕大部分風電場都連接在配電網上，但是就風電規劃和發展戰略而言，大型陸上風電場和近海風電場直接連接到輸電網將是今後風電並網的發展趨勢。

　　相對於電網，風電不同於一般電源的特殊性，主要表現爲以下幾方面：

　　⊙**風速是波動且隨機變化的，因此風電機組發出的電能也是波動的**　儘管這種波動可以控制或者可以預測，但是以目前來講，多數是不可控的或者控制效果是極其微弱的。這便增加了電網調度人員調度的不確定性和複雜性。

　　⊙**風電機組中的發電機形式多樣，可以是異步發電機、同步發電機或是雙饋感應發電機**　因此，無功功率特性複雜，這便帶來了電網電壓的偏差問題，這就需要電網設計時應該考慮無功補償和輸出電壓自動調壓系統，從而減少對電網的影響。

　　⊙**風力發電的技術特點與一般發電不匹配，現有的電力系統運行規範不適用，需要針對風電特性進行改進和補充。**

　　⊙**風力發電技術因其不同特性，因此要求隨著風機技術的特點，制定相應的規定和管制條例。**

　　風電場位置一般遠離負荷中心，也遠離一般電廠　這意味著需要對現有電網結構或框架進行改造和變動，這不僅僅是替換一些設備就可以實現的。

　　基於以上特性，風電並入電網時就需要考慮以下問題：

⊙**中國目前已建的風電場的裝機容量都比較小，通常接入附近地區配電網**　由於配電網中缺少電源支撐，而原有的無功／電壓控制裝置都沒有考慮風電場的影響，當風電場並網運行後，風電功率的變化將引起局部系統的母線電壓和線路潮流發生改變。

⊙**風能為間歇性能源，風電場的有功功率和無功功率將隨風速的變化而變化**　在分析風電場接入電力系統時，需要考慮風電場輸出功率波動範圍大的特點。對於某些風能資源比較豐富的地區，隨著風電場建設規模的擴大，風電場裝機容量在當地負荷中所占的比例增加。風電場的功率波動必將對地區電網的運行產生一定影響，主要是功率波動帶來的電壓波動和頻率波動問題。

隨著風電場裝機容量在電網中所占比例的增加，風力發電和電力系統的相互影響將成為制約風電場建設規模的因素，這就迫切需要研究風能資源豐富區域電網接受風電的能力及必要的支撐條件並制定風電場並網的技術規程。

那麼，這些問題的解決方案又是什麼呢？

首先，面對風電的波動特性所帶來的系統潮流分布的變數和電網的調壓、調頻問題，可以通過風電電能的預測來緩解或解決。近年來利用相關工具預測風電場電力輸出的技術有了重大發展，因此，有了風電場的可靠歷史數據，利用附近氣象站的預報數據，完全能夠預測出風電場出力的變化。儘管這些工具仍然處於發展的早期階段，但是它可能已提供出相當重要的預測訊息，這些訊息將為系統調度人員平衡電力供需提供依據。而且隨著科技的發展，發電量的預測將越來越準確，那時，基於發電量預測的風電就可以作為確定性電能，參與電網的調壓和電網的調頻任務。

其次，面對風電的間歇特性帶來的電網電力平衡問題，需要依靠系統備用容量的重新估算及補充建設備用電源的方案來解決。另外，針對大規模風電的可靠傳輸問題，需要調整和更新電網現有的網架結構，提高電網的電壓等級，變高壓輸電為超高壓輸電，建設新的輸電線路並安裝相應的自動控制裝置，以此來保

證大規模風電的傳輸和分配。最後，關於風電技術特殊性帶來的電網規範的修改問題，目前，國外已有許多國家根據風電特點完成了對原有規範的修改。中國可以參照這些修改後的規範並結合本國電網實際情況，制定新的電網規範。

風力是可以預測的，現實中可以通過以下方法加以解決：

綜合評估不同地區多個風電場的電量輸出，可以提高風電的保證係數。

提高天氣和氣象預報技術，可以提商風力發電的可預見性。

提高電力發展和電網建設的系統規劃水準，考慮適應風電特徵的復合調度方案。

在一些富風區，要考慮大規模風電場的建成運行使得風電在電網中份額加大，對當地電網運行造成的電壓和頻率的波動問題。

綜上所述，電網將通過進一步的結構改造及技術進步支撐風電的大規模並網，保證風電電能的傳輸和分配。同時，風電的大規模並網將減緩一般電站對一次能源需求的壓力，並保障了電網電量的平衡。

實驗證明，風電並網引起的一系列對電網技術的要求，對電網現有網架結構的要求及給電網管理帶來的問題遠遠比人們懷疑和推測的要少。例如，在丹麥西都，冬季夜晚風大，風電機組所發電量高達明網用電量的 50%，調度員成功地進行了電網運行操作。設想一下，如果將來在中國內陸和周邊近海海域建立許多風電場向全國統一電網送電，這無疑將提高風電供電的有效性和可靠性，大幅度緩解常規電源的發電壓力。

根據一般的理論推斷，風力發電的比例在整個電網中不能超過 10%。實際上，隨著電網系統地增強和風力發電預測技術的發展，風力發電在整個電網中的比例還沒有明確的技術極限。在歐洲某些地區，風電在電網中比例達到 20% 已是可行，這個比例甚至高達 50%。尤其是達到 20%，只要在電網上進行一些小的技術

改動就可實現。換言之，風力發電發展不會對電網運行安全產生技術上難以逾越的障礙。

我們需要多少風電

圖11-1

　　通過對國際上風電發展的回顧和今後 20 年發展的預測，說明風能是清潔的可再生能源，風電是新能源中技術最成熟、最具規模開發條件和商業化發展前景的發電方式之一。

　　發展風電有利於調整能源結構。我國電源結構中 75% 是燃煤火電，排放污染嚴重，增加風電等乾淨電源比重刻不容緩。尤其在減少二氧化碳等溫室氣體排放，緩解全球氣候變暖方面，風電更是有效措施之一。火電廠雖然可以安裝脫硫、脫氮等裝置，但是二氧化碳的排放卻難以控制。

　　從長遠看中國一般能源資源人均擁有最相對較少，隨著國民經濟的發展，一般能源資源不斷減少。為保持中國經濟和社會可持續發展，必須採取措施解決能源供應。中國風能資源豐富，如果能夠充分開發，按目前估計的技術可開發儲量計算，風電年電量可達 2 萬億千瓦時，相當於2004 年全國社會用電量，這樣的潛

力不可忽視。因此開發風能資源可以在減少石油、天然氣進口方面發揮作用，對提高中國能源供應的多樣性和安全性做出積極貢獻。

中國機械設備製造業具備雄厚的基礎，齒輪箱、發電機等是重要的出口產品，發展風電可以建造新興的製造產業，大型風力發電機組科技含量高，可以促進專業零組件生產企業技術升級。

西部地區是中國陸上風能儲量最大的地區，大規模開發風電可以拉動西部地區經濟發展。

官方和專家的推算，中國 2020 年需要 10 億千瓦的發電裝機，4 萬億千瓦時的發電量。2030 年、2040 年和 2050 年呢？目前還沒有任何結論。除非在技術上和觀念上發生革命性的變革，人均 2 千瓦是達到開發國家生活水平的基本要求。照此推算，在 2050 年中國至少需要大約 30 億千瓦的發電裝機和 12 萬億千瓦時的發電量。龐大的裝機和發電量需求，給風電的發展提供了足夠的空間。

11.1　規劃和發展目標

11.1.1　政府的目標

國家發展和改革委員會規劃的風電發展目標是 2005 年 100 萬千瓦，2010 年 400 萬千瓦，2015 年 1000 萬千瓦，2020 年 2000 萬千瓦。2020 年風電量占全部發電量的比例還達不到 1%。顯然這是一個基於現有的技術和政策環境條件所決定的預測和估算。

專家們在評論這個規劃和發展目標時認為，這個規劃的目標不僅是可以實現的，而且還可能突破。

國家發展和改革委員會的 2000 萬千瓦的方案，在 2005 年 5 月中旬舉行的第二次全國風電前期工作會議上受到質疑，各省代表均要求增加規劃容量，規劃的指標有可能突破，樂觀的預測可能達到 3000 萬千瓦，年上網電量按等效滿負荷 2000 小時計算約 600 億千瓦時。

　　爲了實現這個目標，中國政府開始行動，編制 2020 年風電發展規劃、制定風電特許權招標計劃、推出百萬千瓦級風電場行動。估計 2020 年 2000 萬～3000 萬千瓦的發展目標不會落空。

11.1.2　專家的推算

　　歐洲風能協會和綠色和平的《風力 12%：關於 2020 年風電達到世界電力總量 12% 的藍圖》一書，爲我們描繪了世界風電包括中國風電發展的美好前景，提出了中國 2020 年達到 1.7 億千瓦裝機的目標。確定這一目標所考慮的因素是：中國的經濟發展和電力需求、電網的發展和對風電的技術承受能力。但是，對風電發展的前景僅僅考慮這些因素還不夠，還需要考慮資源評估的準備、國內自有技術的準備、產業的準備等，因此，雖然還沒有官方的數據，國內的有關專家們基於目前具備的條件和發展的潛力，對 2020 年以後的形勢做出了理性的判斷：2020～2030 年大規模發展陸上風電，每年新增風電裝機幾百萬千瓦，預計 2020 年達到 3000 萬～4000 萬千瓦，2030 年風電累計裝機 1 億千瓦，年上網電量 2000 億千瓦時。同時，開展近海風電的商業示範項目。

　　2030 年以後中國水能資源將完全開發完，煤炭開採和運輸更加困難，由於資源和環境因素的制約，煤電成本上升，風電將具有更大的競爭能力。除了繼續開發陸上風能資源，近海風電商業化也是重點。近海風場離我國東部電力負荷中心距離近，工業基礎雄厚，可以很快發展。加上海上風能資源比陸上好，屆時風電年上網電量可按等效滿負荷 2500 小時測算。預計 2050 年風電累計裝機 4 億千瓦，年上網電量約 1 萬億千瓦時。

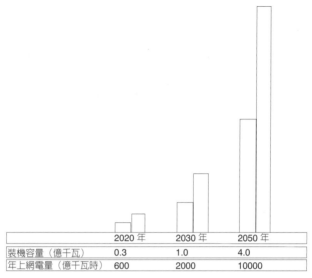

	2020 年	2030 年	2050 年
裝機容量（億千瓦）	0.3	1.0	4.0
年上網電量（億千瓦時）	600	2000	10000

圖11-2　關於風電的遠景初步預測

　　專家們相信，中國風電的發展可能分為 3 個階段，首先是在 2010 年之前完成起步階段，風電裝機達到 400 萬千瓦，並且初步奠定風電的產業基礎；二是 2020 年達到 3000 萬～4000 萬千瓦，實現快速發展，在全部發電裝機中占有一定的比例；2020 年之後超過核電成為第三大主力發電電源，在 2050 年前後達到或超過 4 億千瓦，超過水電，成為第二大主力發電電源。當然，達到這樣一個目標還面臨著重重的困難。

11.2　面對的問題

　　對於發展風電，如果說 5 年之前和現在都有許多爭論的話，過去的焦點是發展還是不發展，而現在的焦點則是如何發展。因為擺在面前的問題太多：

　　⊙**資源不清**　到現在中國還沒有一個說明問題的風能資源圖，政府決策人員、投資商，甚至連科學家們都只有一個大致的方位。究竟我們有多少風能資源，分布在哪裡，尚不明確。

圖11-3

⊙**人員儲備不足**　德國有 1600萬千瓦的風電裝機，就業人員 6 萬多人，中國的風電行業的就業人數不足千人，工程技術人員不足百人。如何面對 3000 萬千瓦和上億千瓦的產業發展需求？

⊙**產業推備不足**　中國只有 750 千瓦以下的風機製造技術開始商業化，而世界主流 2～3 年就換代，2 兆瓦以上的風機可能在 2005 年之後主宰市場，我們如何應對。大規模發展已經開始對國內的企業形成壓力，更殘酷的競爭還在後面。我們什麼時候有自己的 GE、Vestas 或者 Suzlon？

⊙**政策不清**　可再生能源法雖然公佈了，實施細則在哪裡？根據過去的經驗，一項法律，沒有實施細則便是一紙空文。

11.3　怎麼辦

只說不做是發展不了風電的。可能做的不對，但是還是應該行動起來。讓我們從這裡開始。

11.3.1 政策準備

政策的選擇有很多，配額制、高電價、招標制，各有所長。現在主要是要擱置爭議，聯合行動，儘快拿出一個有吸引力的發展政策來。可再生能源法從啓動到公佈不到兩年，實施細則等配套的政策公佈時間應當更短些。

11.3.2 查清資源

2003 年 10 月國家發展和改革委員會能源局在北京召開了全國風電前期工作會議，決定在全國開展風能資源評估工作，根據現有的氣象台站資料和風電場資料，初步估算各省及全國風能資源總儲量、可開發儲量和經濟可開發儲量，並繪製各省及全國風能資源分布圖和風能區劃圖，用於指導風電場宏觀選址。中國氣象局負責、指導各省（區、市）風能資源評估工作，完成全國風能資源評估工作，繪製全國風能資源分布圖；組織各省氣象站提供與風電場建設有關的氣象資料，組織對各省風能資源評價成果的初步驗收，匯總編寫最終風能資源評價成果。中國水電工程顧問集團公司作為全國大型風電場建設前期工作技術負責單位，除了組織編制《全國大型風電場建設前期工作大綱》和有關的技術管理規定和辦法外，還將研究編制數據庫軟體，建立中國風電場數據庫。2005 年中國氣象局將完成全國風能資源官方評估的初步成果。中國資源綜合利用協會可再生能源專業委員會、中國水電工程顧問集團公司和 UNEP 合作的風能資源評價，近期也會有一個詳細的結果，一個專家們推出的結果。這兩個結論的比較，可能引發人們對風能資源更進一步的關注。

繼續評估風能資源總儲量和技術可開發儲量。根據現有各種風數據和地形地貌等自然條件、利用計算機模擬技術繪製全國年平均風速分佈圖、年平均風功率密度分布圖、結合地形圖和植被分佈圖，按照國際通用的指標從宏觀上進行評估，可作為能源發展戰略研究的潛在資源量。

　　開展風能資源經濟可開發儲量的評估工作。在可開發儲量評估的基礎上利用 GIS 技術結合交通運輸、施工安裝、工程地質、電網以及其它社會經濟發展等條件，對潛在風電場址按照經濟性指標進行評價，可作爲制定風電發展規劃的依據。

11.3.3　產業發展

　　到 2003 年，國產風機在市場上的份額占了 18%，有了一個很好的起點。2004 年，一批專業化的製造企業開始進入風機製造業，例如上海電氣、大連重工、東方汽輪機、航天集團，海外的企業也開始行動，GE、EHN 已經行動，還有更多的人在準備。2010 年，中國可能成爲世界上最重要的風機製造基地。

11.3.4　人員和機構準備

　　發展上億千瓦的風電產業，需要建立若干個培訓中心、技術研發中心、設計與開發中心、檢測和認證中心、零組件製造機構、系統集成機構，總之需要一個完整的產業鏈。這就需要培養製造商、開發商、科研與開發人員、運行服務商、普通工人和高級技工等。總之，需要幾十萬、甚至上百萬的人員就業，培訓是至關重要的。

内容提要

　　《風力 12%》是歐洲風能協會和綠色和平在本世紀以年度單位出版的有關全球風力發電的藍皮書。她為全球風電單位出版描繪了遠景，告訴人們一個在 2020 年達到全球電力供應的 12%均來自風能的藍圖。2004 年，《風力 12%》被翻譯成中文，受到業界廣泛關注。

　　《風力 12% 在中國》一書以中國能源的安全供給和環境影響為背景，論述了中國發展風力發電的戰略重要性，並且進一步從資源、技術和政策的角度分析達到 2020 年目標的可行性。本書兼具全球視野和本土觀察，適合關心中國風電發展的人士閱讀。這也是中國第一本系統回顧和展望中國風力發電產業的書籍。

國家圖書館出版品預行編目資料

圖解風力發電／馬振基著.--初版--.--臺北
市：五南,2009.10
　　面；　公分.

ISBN 978-957-11-5811-2（平裝）

1.風力發電

448.165　　　　　　　　　98018174

5DC3

圖解風力發電
Wind Energy and Electriciyty

主　　編 ― 李俊峰

副 主 編 ― 時璟麗　施鵬飛　喻捷

校　　訂 ― 馬振基

發 行 人 ― 楊榮川

總 編 輯 ― 龐君豪

主　　編 ― 穆文娟

責任編輯 ― 陳俐穎

文字校對 ― 施榮華

封面設計 ― 郭佳慈

出 版 者 ― 五南圖書出版股份有限公司

地　　址：106台北市大安區和平東路二段339號4樓

電　　話：(02)2705-5066　傳　真：(02)2706-6100

網　　址：http://www.wunan.com.tw

電子郵件：wunan@wunan.com.tw

劃撥帳號：01068953

戶　　名：五南圖書出版股份有限公司

台中市駐區辦公室/台中市中區中山路6號

電　　話：(04)2223-0891　傳　真：(04)2223-3549

高雄市駐區辦公室/高雄市新興區中山一路290號

電　　話：(07)2358-702　傳　真：(07)2350-236

法律顧問　元貞聯合法律事務所　張澤平律師

出版日期　2009年10月初版 一刷

定　　價　新臺幣280元